营养专家教你做

豆浆

五谷米糊

一本全

李宁 主编 北京协和医院营养科副主任医师、副教授
全国妇联"心系好儿童"项目专家组成员

U0213238

中国纺织出版社

图书在版编目（CIP）数据

营养专家教你做：豆浆五谷米糊一本全/李宁主编．
—北京：中国纺织出版社，2018.10（2019.5重印）

ISBN 978-7-5180-5245-5

Ⅰ.①营… Ⅱ.①李… Ⅲ.①豆制食品－饮料－制作
②粥－食谱 Ⅳ.①TS214.2②TS972.137

中国版本图书馆 CIP 数据核字（2018）第 163911 号

策划编辑：樊雅莉　　　　责任印制：王艳丽

中国纺织出版社出版发行
地址：北京市朝阳区百子湾东里 A407 号楼　邮政编码：100124
邮购电话：010 － 67004422　传真：010 － 87155801
http://www.c-textilep.com
E-mail:faxing@c-textilep.com
中国纺织出版社天猫旗舰店
官方微博 http://weibo.com/2119887771
北京通天印刷有限责任公司印刷　各地新华书店经销
2018 年 10 月第 1 版　2019 年 5 月第 2 次印刷
开本：710×1000　1/16　印张：12
字数：157 千字　定价：45.00 元

凡购本书，如有缺页、倒页、脱页，由本社图书营销中心调换

《中国居民膳食指南（2016）》中着重指出"食物多样，谷类为主；吃动平衡，健康体重；多吃蔬果、奶类、大豆；适量吃鱼、禽、蛋、瘦肉；少盐少油，控糖限酒；杜绝浪费，兴新时尚。"而要实现这些对于现在的人们来说不是很容易，当前的生活节奏非常快，人们都像陀螺一样地旋转着，不同的是陀螺是不知疲倦的。

不停奔劳的生活导致人们的饮食极其不规律，长期食用快餐，根本达不到《中国居民膳食指南（2016）》中的要求，从而营养摄入不充足，很多人的身体都进入了亚健康的状态，严重者甚至受着各种疾病的困扰。比如，上班族长期感到睡眠不足、身体疲乏；儿童及青少年营养不良；一些人经常受便秘、感冒之苦；还有一些人饱受"三高"危险。

而这些问题归根结底是由于营养摄入不充足造成的，本书就是基于解决营养摄入不充足的问题编写的。本书向您推荐了多款豆浆、五谷汁、米糊，均选用天然、安全、无添加剂的食材，可以实现家庭自制，操作简单、快捷、方便，保证您每天都能将新鲜和卫生的五谷杂粮、蔬菜和水果吃到身体里，从而保证您的营养供给。

本书所推荐的饮品是从保健、祛病、人群等几大类划分的，可以保证您按照自己的情况进行选择，养生功效更好。另外，本书还将适宜打制饮品的食材做了简单介绍，您可以根据实际需要自行搭配。

相信，您一定会在本书中找到属于自己的健康饮品。

目 录
CONTENTS

Part 3 不容错过的经典味道

Part 4 巧应时令：一年四季都健康

Part 5 调养五脏：由内而外养护好

Part 7 对抗疾病：调理身体好状态

Part 12 特殊人群：选择适合自己的

Part

1

五谷杂粮最养人

关于五谷杂粮

"五谷"的概念，历史上有很多说法，比如《周礼》上的五谷，是指黍、稷、菽、麦、稻。黍指玉米，也包括黄米，稷指粟，菽指豆类。《孟子·滕文公》中称五谷为"稻、黍、稷、麦、菽"。《黄帝内经》中的五谷指的是"大米、小豆、麦、黄豆、黄黍"。

五谷杂粮有哪些营养

碳水化合物（糖类）
来源

大米、小米、玉米、绿豆、红豆、杏仁、山药、甘薯等。

维生素
来源

B 族维生素：大米、小米等。

维生素 E：荞麦、薏米、黄豆、红豆、核桃等。

蛋白质
来源

荞麦、小麦、黄豆、绿豆、红豆等。

矿物质
来源

钙：黄豆、绿豆、黑豆等。

铁：黄豆、芝麻等。

锌：栗子、芝麻等。

镁：玉米、燕麦等。

脂肪
来源

黄豆、黑豆、杏仁、核桃、榛子、花生等。

膳食纤维
来源

黑豆、绿豆、红豆、燕麦、小麦、大麦、荞麦等。

五谷杂粮的养生功效

排毒、抗癌

五谷杂粮中的膳食纤维具有帮助排毒的能力，能促进肠道蠕动，并减少细菌、亚硝胺等致癌物在肠道中的停留时间，还能吸附致癌物质并使之排出体外，从而起到防癌抗癌的功效。

预防心血管疾病

五谷杂粮中的膳食纤维、维生素等，可减少肠道对胆固醇的吸收，进而促进胆汁的排泄，帮助降低血中胆固醇的水平，抵制体内脂肪的堆积，对心肌梗死等心脏病的发生有较好的预防作用。

降低血糖

五谷杂粮中的膳食纤维进入胃肠后，会不断吸水膨胀，从而延缓身体对葡萄糖的吸收，防止餐后血糖急剧上升，对于控制血糖与调节血糖很有帮助。相对于细粮而言，糖尿病患者可适量多食五谷杂粮。

减肥、通便

五谷杂粮中的膳食纤维含量较高，可以在胃肠内限制糖分与脂肪的吸收，有效增加饱腹感，抑制人进食更多食物的欲望，进而减少热量的摄入，有助于减肥。另外，五谷杂粮中的膳食纤维还能够促进肠道的蠕动和对营养素的吸收，达到润肠通便的作用。

美容护肤

五谷杂粮所含的膳食纤维可清除体内垃圾，排毒养颜，所含的维生素 E 具有抗氧化功效，可延缓衰老。

豆浆，让豆类的营养更易吸收

豆浆就是以黄豆、红豆等豆类为主要原料的营养汁。豆浆既包括传统的纯豆豆浆，如黄豆豆浆；也包括加入了米类、蔬果、坚果等其他食材的豆浆，这类豆浆口感更丰富、营养更均衡。如黄豆大米豆浆，大米和黄豆中所含的氨基酸可以互补，而且能促进人体对蛋白质的吸收。

将豆类打制成豆浆饮用，可以让原本不好吸收的营养变得好吸收、好利用。比如，豆类的外层都有一层坚硬的纤维素，这些纤维素包裹着蛋白质，使消化酶很难分解蛋白质，而豆类用水泡软后打制成豆浆，可以软化外层的纤维素，并将其磨碎融入到豆浆中，让人体容易消化吸收。据测定，豆浆中的蛋白质利用率可高达 80％以上。

营养专家教你做：豆浆 五谷米糊一本全

豆浆的主要功效

❶ 强身健体

豆浆中含有人体生长发育所需的各种营养素，尤其是蛋白质，其含量高而且质量好，能增强体质。

❷ 预防糖尿病

豆浆含有膳食纤维，能有效阻止糖分的过量吸收，是糖尿病患者日常必不可少的好食物。

❸ 预防脑中风

豆浆中所含的镁、钙有降低脑血脂、改善脑血流的作用，从而可预防脑梗死、脑出血。

❹ 预防癌症

豆浆中的蛋白质和硒、钼等都有很强的抑癌和防癌能力，特别是对胃癌、肠癌、乳腺癌有预防作用。

❺ 预防高血压

豆浆中所含的豆固醇和钾、镁是有力的抗钠物质。钠是高血压发生和复发的主要原因之一，因此豆浆也能预防高血压。

❻ 预防冠心病

豆浆中所含的豆固醇和钾、镁、钙能保护心血管，补充心肌营养，降低胆固醇，促进血液循环，防止血管痉挛。

❼ 延缓衰老

豆浆中所含的硒、维生素 E、维生素 C 等有抗氧化功能，能防止细胞老化，尤其对脑细胞的作用最大，可预防老年痴呆。

❽ 美容养颜

豆浆中含有的植物雌激素、大豆蛋白质、维生素、卵磷脂等物质，可调节女性的内分泌系统，延缓皮肤衰老，具有美容养颜的功效。

不宜喝豆浆的人群

❶ 急性胃炎和慢性浅表性胃炎患者不宜喝豆浆，以免刺激胃酸分泌过多而加重病情，或者引起胃肠胀气。

❷ 豆浆性凉，脾胃虚寒的人要少喝或不喝。

❸ 豆浆中嘌呤的含量较高，且豆类大多属于寒性食物，所以有痛风、乏力、体虚、精神疲倦等症状的虚寒体质者都不适宜饮用豆浆。

❹ 喝豆浆后容易产气，腹胀、腹泻的人最好别喝豆浆。

❺ 肾功能不全者最好也不要喝豆浆。

豆浆的科学喝法

❶ 喝豆浆时，要注意干稀搭配，可以同时吃些面包、饼干等淀粉类食物，使豆浆中的蛋白质在淀粉类食品的作用下，更为充分地被人体所吸收。如果同时再吃点蔬菜和水果，营养就更均衡了。

❷ 空腹时别喝豆浆。空腹时喝豆浆，豆浆中所富含的蛋白质会在人体内转化为热量被消耗掉，不能充分起到补益作用。

❸ 不要用暖水瓶盛装豆浆。因为暖水瓶内又湿又热的内环境非常利于细菌的繁殖，一般来说，做好的豆浆装入暖水瓶三四小时后就会变质。此外，豆浆中的皂苷能使暖水瓶中的水垢脱落，水垢中的有害物质会溶入豆浆中，等于喝豆浆的同时也喝入了水垢和有害物质。

❹ 最好用清水浸泡豆类。用浸泡过的豆类搅打的豆浆消化吸收率高，饮用后不容易引起腹胀、腹泻等不适症状，儿童、老年人等尤其适合。

五谷汁和米糊，发挥米类的强身功效

五谷汁

五谷汁就是用五谷杂粮打制的汁。与豆浆不同的是，五谷汁的原料以米类、麦类为主，以蔬果、豆类为辅。五谷汁使五谷的营养更有利于人体吸收，对人体的健康有极大的作用，滋补强身的功效显著。

比如，五谷中含有丰富的维生素 B_1，它可以促进人体新陈代谢，并使其顺利完成。但经过炒、焖等方式烹制加工过的五谷中维生素 B_1 会遭到一定程度的破坏，而以五谷汁形式来制作五谷，就能使维生素 B_1 保留得更加完整。

五谷汁虽然具有很好的养生功效，但在饮用时要根据自身的体质慎重选择。中医认为，人体可大致划分为 4 种体质，即寒性体质、热性体质、虚性体质和实性体质。

1 寒性体质

寒性体质的人水喝的往往比其他人少，还不怎么感到口渴；精神虚弱，且容易疲劳；脸色苍白、唇色淡、怕冷、怕吹风、手脚冰冷；喜欢喝热饮、吃热食；常腹泻，小便多且颜色淡；月经常迟来，血块多，舌头颜色为淡红色。

寒性体质的人适宜选择温性的食物，比如用糙米、红豆、糯米、花生等打制的五谷汁。

2 热性体质

热性体质的人通常全身发热，这类人全身经常爱出汗，特别是手心、脚心、胸口等处爱流汗，很怕热，如同随身带着一个火炉一样，恨不得天天泡在凉水里。热性体质者大都喜欢吃冰凉的东西。

热性体质的人适宜选择性质寒凉的食物，比如用绿豆、小米、荞麦、燕麦等打制的五谷汁。

3 虚性体质

虚性体质的人，大多面色淡白或萎黄，精神萎靡，身疲乏力，心悸气短，形寒肢冷，自汗，舌淡胖嫩，脉虚沉迟；或见五心烦热，消瘦颧红，口咽干燥，盗汗潮热，舌红少苔，脉虚细数。

虚性体质的人适宜选择滋补性的食物，比如用红枣、花生、绿豆、大米、高粱等打制的五谷汁。

4 实性体质

实性体质者往往有较强的抗病能力，体力充沛而少汗。这类人一般活动量大、声音洪亮、精神佳，身体强壮、肌肉有力，但脾气较差，心情容易烦躁，会失眠，舌苔厚重。

实性体质的人适宜选择可以促进身体排毒的食物，比如用薏米、甘薯、绿豆、小米等打制的五谷汁。

米糊

米糊在我们的饮食文化中已有两千多年的历史，被称为"第一补人之物"。在物质文化高度发展的今天，将谷物放入米糊机或豆浆机中，加入适量水，按下"米糊"键后，即可得到黏稠美味的米糊。

制作米糊的注意事项

米糊可生胃津、健脾胃、补虚损，特别是它经过精细粉碎而形成的细腻糊状，介于干性和水性之间，口感柔顺、滑腻，易于消化吸收。对于儿童、老人、病人和体弱者以及消化吸收功能较差者，食用米糊十分有益。女性经常食用，也可以起到内在调理和外在养颜的功效。但想要米糊的营养价值更好地表现出来，还要注意以下事项。

材料的浸泡：谷物和豆类在制作之前要先用水浸泡，使其充分吸收水分，变软。这样制作出来的米糊更黏稠、口感更好。

控制谷物的量：谷物的量对于制作米糊来讲很重要，制作前一定要按照材料要求进行称重，否则很可能会导致夹生的状况。

有些五谷要用熟的：如花生、芝麻等最好选购熟的或者提前炒熟，这样制作出来的米糊味道更好，营养也更易吸收。

米糊的传统制作方法

人们最初制作米糊时十分复杂，比如制作大米米糊，首先要把适量的大米用水洗净并浸泡一两个小时，然后稍微控水，放到碾钵里磨碎或捣碎，直至形成粉状。接下来，往米粉里加入适量水，然后一起倒入锅里加热，加热过程中还要不停地用勺子搅动，以免煳锅。这种制作米糊的过程十分费时费力。

后来，市面上有了各种现成的五谷粉，以及各种食材粉碎机，省去了打磨的麻烦，但同样需要用锅熬制，也很难掌握火候。自从各式各样的制作米糊的机器以及功能齐全的全自动豆浆机问世后，自制米糊变得简单易行了。

米糊的传统制作方法

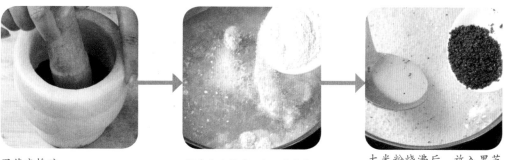

黑芝麻捣碎　　　　　锅内加水烧开，加入大米粉　　　　　大米粉烧沸后，放入黑芝麻粉，不断搅拌，煮熟后加入白糖调匀即可

制作豆浆、五谷汁、米糊的小窍门

常用的工具

豆浆机

在各种工具里，豆浆机绝对是首选，因为它可以达到一机多用的效果。豆浆机分为单功能豆浆机和多功能豆浆机。单功能豆浆机只能打制纯豆豆浆，而多功能豆浆机则具备打制豆浆、五谷汁、果蔬汁、米糊、浓汤、果酱等功能，使用时只需要根据需要按下相应按键即可。多功能豆浆机也是本书中制作豆浆、五谷汁和米糊所选用的工具。

豆浆机一定要到正规场所购买，且买符合国家安全标准的豆浆机即带有 CCC 认证标志或欧盟 CE 认证的产品，以确保质量和售后服务。

豆浆机的操作比较简单，首先将食材放入豆浆机中，再加水至上、下水位线之间，然后选择功能按键，豆浆即按"豆浆"按键，五谷汁即按"五谷"按键，米糊按"米糊"按键。豆浆机提示营养汁做好后，可以根据需要进行过滤或者直接将营养汁倒出，然后将豆浆机清洗干净即可。

榨汁机

榨汁机是打制果蔬汁的常用工具。选购榨汁机时首先要观看外观造型，宜选择机体表面及组件光滑、无死角的，这样可以确保使用时不会伤到手，还容易清洗。其次要看榨汁效果，这就要看刀片的厚度和锋利程度，这是榨汁机榨汁是否彻底的最关键因素。然后再打开榨汁机的盖子闻闻味道，一定要选择无异味的机器。

榨汁机同豆浆机一样方便操作。使用时，将已经处理好的食材放入榨汁机中，加入适量饮用水，启动机器，当食材都搅打成汁后倒入杯中，然后将榨汁机清洗干净即可。

食材混搭让营养升级

无论是打制豆浆还是五谷汁和米糊，食材的搭配都是很重要的。食材的混合搭配，不仅可以让口感更美味，还可以使营养更均衡。

豆类 + 谷类

豆类营养丰富，但其氨基酸的组成不是十分理想，赖氨酸含量高而蛋氨酸不足，谷类食品中蛋氨酸含量高，正好可以弥补豆类营养的不全。所以豆类常与燕麦、荞麦、糯米、小米、大米、糙米、薏米等搭配。

五谷 + 蔬果

五谷和新鲜蔬菜、水果搭配，可以使维生素、植物性营养素的摄入增加，在美容、减肥、排毒等方面功效明显。

豆类 + 蔬果

黄豆、红豆、绿豆、黑豆等豆类富含 B 族维生素、优质蛋白等成分，与蔬菜、水果混合打汁，可以弥补蔬菜和水果的营养，增强润滑的口感。

果蔬中可贵的植物性营养素

　　一直以来，蔬菜和水果以热量低并富含各种维生素、矿物质、膳食纤维等人体必需的营养素而备受关注，其实蔬菜、水果的价值不仅在于此。科学研究发现，蔬菜和水果等植物性食物中还含有很多植物性营养素——这是一类不同于维生素和矿物质等的营养成分，对健康极为有益，尤其以抗氧化功效而著称，并且在提高机体抗病毒和抗癌能力，延缓衰老，预防高血压、高脂血症、动脉粥样硬化等疾病方面有较好的功效。

　　植物性营养素有成千上万种，它们的种类及功能正在越来越多地被人们所发现和熟知，人们已经熟知的番茄红素、β－胡萝卜素、花青素等都属于植物性营养素家族中的明星营养素。目前，将蔬菜和水果与豆类、五谷类食材搭配，已成为人们摄取植物性营养素的一种有效方法。

常见的植物性营养素	主要功效	主要蔬果来源
番茄红素	延缓衰老、保护皮肤免受紫外线伤害、保护心血管	番茄、西瓜、木瓜、彩椒（红）
β－胡萝卜素	保护视力、抗氧化	胡萝卜、菠菜、芒果
辣椒红素	减肥、促进面部血液循环、止痛消炎、提高免疫力	辣椒
叶黄素	延缓衰老、抗癌、保护眼睛	玉米、猕猴桃
槲皮素	保护心血管、抗癌	菠菜、洋葱
木犀草素	消炎、抗过敏、抗菌	菜花、胡萝卜、芹菜
花青素	预防脑部退化、抗癌	葡萄、蓝莓、茄子
前花青素	抗氧化、预防衰老、保持血管的通透性	葡萄
白藜芦醇	抗菌、抗癌、保护心血管	葡萄、桑葚
苦瓜苷	刺激胰岛素分泌，降血糖	苦瓜
吲哚	抗癌、预防心血管疾病	柠檬、橘子、橙子

Part

2

适宜打制饮品的食材

五谷杂粮类

　　五谷杂粮是打制豆浆、五谷汁和米糊的主要材料，比如，黄豆等豆类是豆浆的主力军，大米等米类是米糊的主力军。这些食材可以单独打制，也可以搭配打制。

黄豆

热量： 359 千卡 /100 克

有效成分： 蛋白质、卵磷脂、大豆异黄酮、钙、钾

主要功效： 提高免疫力、防止血管硬化、抗衰老、降糖降脂、补脑健脑

饮品好搭档： 黄豆 + 小米（氨基酸互补）

经典配方： 黄豆豆浆（p38）

不宜人群： 食积腹胀者不宜食用。

红豆

热量： 309 千卡 /100 克

有效成分： 碳水化合物、B 族维生素、磷、钙、铁

主要功效： 利尿消肿、润肠通便、催乳补血、解毒排脓

饮品好搭档： 红豆 + 薏米（健脾祛湿）

经典配方： 红豆豆浆（p39）

不宜人群： 尿频的人不宜食用。

绿豆

热量： 316 千卡 /100 克

有效成分： 碳水化合物、维生素 E、膳食纤维、钙、铁

主要功效： 清热解毒、消肿利便、降脂降压、解暑去燥、抗菌抗癌

饮品好搭档： 绿豆 + 百合（消暑解毒）

经典配方： 绿豆糙米汁（p46）

不宜人群： 阳虚体质、脾胃虚寒、泄泻者慎食。

黑豆

热量： 281 千卡 /100 克

有效成分： 蛋白质、维生素 E、硒、钾、花青素

主要功效： 补肾养肾、美容养颜、健脑益智、延缓衰老

饮品好搭档： 黑豆 + 黄瓜（美容减肥）

经典配方： 黑豆豆浆（p39）

不宜人群： 尿酸过高的人、消化不良的人不宜食用。

豌豆

热量： 313 千卡 /100 克

有效成分： 膳食纤维、胡萝卜素、维生素 B_2

主要功效： 通利大便、健脑益智、润泽肌肤

饮品好搭档： 豌豆 + 糯米（防治腹泻）

经典配方： 豌豆豆浆（p64）

不宜人群： 容易腹胀的人不宜多食。

黑米

热量： 333 千卡 /100 克

有效成分： 蛋白质、碳水化合物、花青素、生物碱

主要功效： 补血明目、保护心脏、防癌抗癌、延缓衰老、乌黑秀发、开胃益中

饮品好搭档： 黑米 + 黑豆（补益肾脏）

经典配方： 黑芝麻黑枣黑米汁（p65）

不宜人群： 脾胃虚弱的儿童及老人不宜多食。

紫米

热量： 343 千卡 /100 克

有效成分： 碳水化合物、蛋白质、B 族维生素、铁、磷

主要功效： 滋阴补虚、保护血管、防止早衰、健脾和胃

饮品好搭档： 紫米 + 薏米（抗病防癌）

经典配方： 紫米红枣汁（p94）

不宜人群： 暂无明显禁忌，一般人均可食用。

糯米

热量： 348 千卡 /100 克

有效成分： 碳水化合物、蛋白质、硒、锌、锰、维生素 E

主要功效： 健脾开胃、滋补御寒、缓解气虚

饮品好搭档： 糯米 + 红枣（温暖脾胃）

经典配方： 腰果糯米汁（p138）

不宜人群： 胃炎、十二指肠炎等消化道炎症患者不宜食用。

糙米

热量： 368 千卡 /100 克

有效成分： 碳水化合物、蛋白质、膳食纤维、B 族维生素、维生素 E、钙、磷

主要功效： 补气养阴、清热凉血、保护血管、防癌排毒

饮品好搭档： 糙米 + 甘薯（益气养颜）

经典配方： 大米糙米糊（p152）

不宜人群： 胃溃疡及胃出血患者不宜食。

薏米

热量： 333 千卡 /100 克

有效成分： 碳水化合物、蛋白质、花青素、生物碱

主要功效： 补血明目、保护心脏、防癌抗癌、延缓衰老、乌黑秀发、开胃益中

饮品好搭档： 薏米 + 黑豆（补益肾脏）

经典配方： 小米薏米绿豆汁（p164）

不宜人群： 怀孕早期的妇女，汗少、尿多、便秘者不宜多食。

燕麦

热量： 367 千卡 /100 克

有效成分： 碳水化合物、蛋白质、可溶性膳食纤维、锌、铁、维生素 E

主要功效： 润肠通便、减肥降脂、排毒美容、降低血糖

饮品好搭档： 燕麦 + 牛奶（清热通便）

经典配方： 葱香燕麦汁（p180）

不宜人群： 皮肤过敏者不宜食用。

荞麦

热量： 324 千卡 /100 克

有效成分： 碳水化合物、蛋白质、膳食纤维、维生素 E、烟酸以及钾、钙、镁、铁

主要功效： 抗菌消炎、降胆固醇、降糖降脂、抑制癌症

饮品好搭档： 荞麦 + 薏米（降低血糖）

经典配方： 荞麦汁（p41）

不宜人群： 脾胃虚寒、消化功能不佳、体质敏感者不宜食用。

高粱米

热量： 351 千卡 /100 克

有效成分： 碳水化合物、蛋白质、B 族维生素、膳食纤维、镁、钙

主要功效： 和胃消积、减轻痛经、补充钙质、缓解脾虚

饮品好搭档： 高粱米 + 小米（缓解失眠）

经典配方： 高粱米糊（p52）

不宜人群： 大便燥结者应少食或不食；糖尿病患者应少食。

小米

热量： 358 千卡 /100 克

有效成分： 碳水化合物、蛋白质、B 族维生素、维生素 E、色氨酸、烟酸

主要功效： 滋阴补血、和胃安眠、健脾养胃、补充体力

饮品好搭档： 小米 + 牛奶（镇静安眠）

经典配方： 小米红枣汁（p52）

不宜人群： 脾胃虚寒者不宜多食。

玉米

热量： 106 千卡 /100 克

有效成分： 碳水化合物、蛋白质、钙、谷胱甘肽、镁、硒、维生素 E

主要功效： 降胆固醇、健脑抗衰、护眼明目、防癌抗癌

饮品好搭档： 玉米 + 酸奶（促进消化）

经典配方： 玉米黄豆糊（p53）

不宜人群： 爱腹胀的人不宜食用。

大米

热量： 358 千卡 /100 克

有效成分： 碳水化合物、蛋白质、B 族维生素

主要功效： 促进消化、补脾清肺、调养气血、调和五脏

饮品好搭档： 大米 + 山药（调养五脏）

经典配方： 二米南瓜红枣糊（p73）

不宜人群： 糖尿病患者不宜多食。

蔬菜、水果类

黄瓜

热量: 15 千卡/100 克

有效成分: 胡萝卜素、维生素 C、维生素 E、钾

主要功效: 清热解毒、利尿消肿、降血糖、降胆固醇、健脑安神

饮品好搭档: 黄瓜 + 黑豆(美颜减肥)

经典配方: 黄瓜豆浆(p168)

不宜人群: 胃寒者不宜食用。

苦瓜

热量: 79 千卡/100 克

有效成分: 维生素 C、钾、钙、镁

主要功效: 增进食欲、防癌抗癌、降低血糖、清热去火

饮品好搭档: 苦瓜 + 芦笋(改善肤色)

经典配方: 绿豆苦瓜豆浆(p100)

不宜人群: 孕妇不宜多食。

南瓜

热量: 22 千卡/100 克

有效成分: 胡萝卜素、维生素 C、钙、钾、可溶性膳食纤维

主要功效: 解毒健胃、降低血糖

饮品好搭档: 黄瓜 + 黑豆(美颜减肥)

经典配方: 南瓜糙米汁(p110)

不宜人群: 胃热炽盛者、气滞中满者不宜食用。

山药

热量: 56 千卡/100 克

有效成分: 蛋白质、B 族维生素、维生素 C

主要功效: 滋补强身、去脂减肥、健脾养胃

饮品好搭档: 山药 + 苦瓜(减肥排毒)

经典配方: 桂圆山药豆浆(p167)

不宜人群: 无。

菠菜

热量： 283 千卡 /100 克
有效成分： 叶酸、胡萝卜素、维生素 B_1、维生素 B_2
主要功效： 降低血糖、润肠通便
饮品好搭档： 菠菜 + 海带（强壮骨骼）
经典配方： 金橘菠菜豆浆（p91）

不宜人群： 腹泻者不宜食用。

芹菜

热量： 20 千卡 /100 克
有效成分： 胡萝卜素、B 族维生素、膳食纤维、铁
主要功效： 清热解毒、利尿消肿、促进排便、降低血压
饮品好搭档： 芹菜 + 花生（清热降压）
经典配方： 芹菜豆浆（p108）

不宜人群： 肠胃较弱者少食。

油菜

热量： 23 千卡 /100 克
有效成分： 维生素 A、维生素 C、钾、钙、镁
主要功效： 预防便秘、排毒防癌
饮品好搭档： 油菜 + 虾仁（补肾壮阳）
经典配方： 油菜黑豆浆（p90）

不宜人群： 无。

生菜

热量： 13 千卡 /100 克
有效成分： 维生素 A、维生素 C、钾、钙、叶酸
主要功效： 安眠利尿、减肥瘦身
饮品好搭档： 生菜 + 豆类（排毒养颜）
经典配方： 生菜豆浆饮（p170）

不宜人群： 脾胃虚弱者不宜多吃。

Part2 适宜打制饮品的食材

甘薯

热量： 99 千卡 /100 克

有效成分： 膳食纤维、胡萝卜素、B 族维生素、维生素 E、铁

主要功效： 通便排毒、防癌抗癌、减肥瘦身、益寿养颜

饮品好搭档： 甘薯 + 银耳（美容养颜）

经典配方： 甘薯花生黑豆浆（p88）

不宜人群： 胃溃疡患者、胃酸过多者及容易胀气的人不宜食用。

百合

热量： 162 千卡 /100 克

有效成分： 蛋白质、维生素 C、铁、钙

主要功效： 养心安神、强身养颜、润肺止咳

饮品好搭档： 百合 + 梨（润肺止咳）

经典配方： 枸杞百合豆浆（p140）

不宜人群： 腹泻者不宜食用。

胡萝卜

热量： 25 千卡 /100 克

有效成分： 胡萝卜素、维生素 B_1、叶酸、铁

主要功效： 益肝明目、降糖降脂

饮品好搭档： 胡萝卜 + 玉米（明目护肝）

经典配方： 胡萝卜蜂蜜枣豆浆（p103）

不宜人群： 无。

莲藕

热量： 70 千卡 /100 克

有效成分： 蛋白质、维生素 C、铁、钙

主要功效： 清热凉血、健脾开胃、止血散瘀

饮品好搭档： 莲藕 + 绿豆（清热凉血）

经典配方： 莲藕雪梨豆浆（p144）

不宜人群： 产妇不宜过早食用。

橙子

热量：47 千卡 /100 克

有效成分：维生素C、维生素P、柠檬酸、橙皮苷

主要功效：降脂降压、清肠通便、杀菌醒酒

饮品好搭档：橙子 + 蛋黄（护肤防癌）

经典配方：菠萝香橙豆浆饮（p95）

不宜人群：无。

草莓

热量：30 千卡 /100 克

有效成分：B族维生素、维生素C、胡萝卜素、钙

主要功效：帮助消化、促进食欲、清热解暑、生津止渴、利尿止泻

饮品好搭档：草莓 + 牛奶（养心安神）

经典配方：香蕉草莓豆浆（p163）

不宜人群：结石患者不宜食用。

苹果

热量：52 千卡 /100 克

有效成分：膳食纤维、维生素C、碳水化合物

主要功效：降压防中风、美容减肥、预防便秘

饮品好搭档：苹果 + 胡萝卜（保健肌肤）

经典配方：白菜苹果豆浆（p162）

不宜人群：无。

梨

热量：44 千卡 /100 克

有效成分：B族维生素、维生素C、膳食纤维

主要功效：生津润燥、清热化痰、预防感冒、润肺降压

饮品好搭档：梨 + 银耳（滋阴去燥）

经典配方：莲藕雪梨豆浆（p144）

不宜人群：脾胃虚弱者不宜食用。

香蕉

热量： 99 千卡 /100 克

有效成分： 膳食纤维、胡萝卜素、B 族维生素、维生素 E、铁、钾

主要功效： 通便排毒、减肥瘦身、益寿养颜

饮品好搭档： 香蕉 + 花生（补充烟酸）

经典配方： 香蕉草莓豆浆（p163）

不宜人群： 胃溃疡患者、胃酸过多者及容易胀气的人不宜食用。

葡萄

热量： 43 千卡 /100 克

有效成分： B 族维生素、维生素 C、铁、钙、葡萄糖

主要功效： 补充糖分、保护血管、抗衰老、美容护肤

饮品好搭档： 葡萄 + 糯米（缓解疲劳）

经典配方： 玉米葡萄豆浆（p75）

不宜人群： 无。

猕猴桃

热量： 47 千卡 /100 克

有效成分： 维生素 C、维生素 P、柠檬酸、橙皮苷

主要功效： 开胃下气、帮助消化、预防便秘

饮品好搭档： 猕猴桃 + 松子（预防贫血）

经典配方： 猕猴桃生菜豆浆饮（p148）

不宜人群： 脾胃虚弱者不宜多吃。

木瓜

热量： 113 千卡 /100 克

有效成分： 钙、硒、维生素 A、维生素 C

主要功效： 健胃消食、通乳防癌、丰胸减肥

饮品好搭档： 木瓜 + 牛奶（减肥润肤）

经典配方： 木瓜芒果豆浆（p168）

不宜人群： 脾胃虚弱者不宜食用。

柠檬

热量：35 千卡 /100 克

有效成分：维生素 C、烟酸

主要功效：化痰止咳、润肺生津、安胎止呕

饮品好搭档：柠檬 + 蜂蜜（缓解感冒）

经典配方：柠檬红豆薏米汁（p119）

不宜人群：胃溃疡患者、胃酸过多者慎食。

菠萝

热量：41 千卡 /100 克

有效成分：果糖、B 族维生素、维生素 A、柠檬酸

主要功效：健脾解渴、止渴解烦、消肿祛湿、滋养肌肤

饮品好搭档：菠萝 + 橙子（美白肌肤）

经典配方：菠萝豆浆（p159）

不宜人群：过敏体质者不宜食用。

山楂

热量：113 千卡 /100 克

有效成分：钙、钾、维生素 E、维生素 C

主要功效：健胃消食、活血化瘀

饮品好搭档：山楂 + 麦芽（消食化积）

经典配方：山楂大米豆浆（p175）

不宜人群：胃酸过多者不宜食用。

桂圆

热量：113 千卡 /100 克

有效成分：铁、硒、碳水化合物、维生素 B_2、维生素 C

主要功效：补益身体、缓解失眠、增强记忆力

饮品好搭档：桂圆 + 红枣（补血养血）

经典配方：桂圆糯米豆浆（p145）

不宜人群：上火、有炎症者不宜食用。

其他类

花生

热量: 563 千卡 /100 克

有效成分: 脂肪、膳食纤维、维生素 E、烟酸以及钾、钙、镁、铁

主要功效: 降胆固醇、健脑益智、滋润皮肤、止血补血

饮品好搭档: 花生 + 虾仁（强健骨骼）

经典配方: 牛奶花生豆浆（p117）

不宜人群: 肥胖者不宜多吃。

芝麻

热量: 531 千卡 /100 克

有效成分: 脂肪、蛋白质、油酸、亚油酸、钙

主要功效: 延缓衰老、养血驻颜、润肠通便、降胆固醇、乌发养发

饮品好搭档: 黑芝麻 + 甘薯（促进排毒）

经典配方: 小米芝麻糊（p79）

不宜人群: 患慢性肠炎、便溏腹泻者不宜食用。

杏仁

热量: 562 千卡 /100 克

有效成分: 蛋白质、脂肪、维生素 B_2、维生素 E、钾、镁

主要功效: 镇咳平喘、预防心脏病、美容养颜、延缓衰老

饮品好搭档: 杏仁 + 核桃仁（美容护肤）

经典配方: 糙米花生杏仁糊（p86）

不宜人群: 阴虚咳嗽的人不宜食用。

核桃

热量: 627 千卡 /100 克

有效成分: 蛋白质、脂肪、卵磷脂、锌、维生素 E

主要功效: 健脑益智、缓解疲劳、润肤乌发、预防动脉硬化

饮品好搭档: 核桃 + 芝麻（健脑益智）

经典配方: 黑豆薏米核桃糊（p89）

不宜人群: 便溏腹泻者不宜多食。

营养专家教你做：豆浆 五谷米糊 一本全

腰果

热量： 552 千卡 /100 克

有效成分： 蛋白质、脂肪、维生素 E、钙、锌

主要功效： 润肤美容、软化血管、补充能量、润肠通便

饮品好搭档： 腰果 + 花生（缓解疲劳）

经典配方： 花生腰果豆浆（p93）

不宜人群： 过敏体质和胆功能严重不良者不宜食用。

莲子

热量： 344 千卡 /100 克

有效成分： 生物碱、棉子糖、蛋白质、脂肪

主要功效： 畅通气血、强心降压、滋养补虚、止遗涩精

饮品好搭档： 莲子 + 百合（养心安眠）

经典配方： 百合莲子绿豆浆（p59）

不宜人群： 消化不良和大便干燥者不应多食。

红枣

热量： 264 千卡 /100 克

有效成分： 维生素 C、铁、胡萝卜素、叶酸

主要功效： 增强体质、保护肝脏、补气养血

饮品好搭档： 红枣 + 番茄（补虚健胃）

经典配方： 红枣红豆豆浆（p58）

不宜人群： 糖尿病患者、水肿患者不宜食用。

一眼看出各种食材的量

对于一道美妙的菜肴而言，合理掌握各种食材和调料的分量至关重要，因为只有这样才能烹饪出刚刚好的味道，不会过咸或过淡。制作豆浆也同样要对食材的分量做到心中有数，否则过稀、过稠都不好。如果你手边能准备一台厨房料理秤那最好不过了，但是如果你不习惯称量，那就要学会巧妙目测。

苹果（带皮、中等大小）
1 个 ≈ 260 克

50 克豆类（不包括杯子重量）

香蕉（带皮、中等大小）
1 根 ≈ 125 克

半个去皮去核苹果 ≈ 50 克

80 克豆类（不包括杯子重量）

半根去皮香蕉 ≈ 50 克

菠菜 1 把（以成人自然手握为度）≈ 100 克

番茄（中等大小）
1 个 ≈ 150 克

1 茶匙（小）液体调料 ≈ 5 毫升

1 茶匙（大）液体调料 ≈ 15 毫升

1 2 3 4 5 6 7 8 9 10 11 12 13 14 15 16 17 18 19 20 21 22 23 24

Part

3

不容错过的
经典味道

原汁原味

能够传承下来的东西，都是经典的。那些原汁原味的豆浆、五谷汁、米糊非常受大众欢迎，因为经典营养，所以流传。

黄豆豆浆 [抗氧化、抗衰老]

黄豆豆浆富含 B 族维生素、维生素 E 及硒，具有抗氧化功效，能起到抗衰老的作用。

特别提醒

黄豆豆浆不宜加红糖调味，因为不利于豆浆中营养物质的吸收。

材料

黄豆 80 克，白糖 15 克。

做法

1 黄豆用清水浸泡 10~12 小时，洗净。
2 把浸泡好的黄豆倒入豆浆机中，加水至上、下水位线之间，按下"豆浆"键，煮至豆浆机提示豆浆做好，过滤后依个人口味加白糖调味后饮用即可。

黑豆豆浆

抗衰老、益寿

黑豆富含锌、铜、镁、钼、硒、氟等矿物质，能延缓人体衰老。另外，黑豆皮含有抗氧化剂花青素，能清除体内自由基，具有抗癌、延年益寿的功效。

材料

黑豆 80 克，白糖 15 克。

做法

1 黑豆用清水浸泡 10~12 小时，洗净。
2 把泡好的黑豆倒入豆浆机中，加水至上、下水位线之间，按下"豆浆"键，煮至豆浆机提示豆浆做好，过滤后依个人口味加白糖调味后饮用即可。

特别提醒

黑豆分绿心豆和黄心豆。中医认为，绿心黑豆比黄心黑豆的营养价值要高。

红豆豆浆

养心、利尿消肿

红豆被李时珍称为"心之谷"，具有养心的功效。每天适量食用红小豆，可帮助净化血液，缓解心脏疲劳。另外，红小豆还能利尿消肿。

材料

红豆 100 克，白糖适量。

做法

1 红豆淘洗干净，用清水浸泡 4~6 小时。
2 把浸泡好的红豆倒入豆浆机中，加水至上、下水位线之间，按下"豆浆"键，煮至豆浆机提示豆浆做好，加白糖调味后饮用即可。

特别提醒

饮用红豆豆浆时不宜同时吃咸味较重的食物，不然会削减其利尿的功效。

白糖的用量不宜多，经常过量食用白糖会消耗体内的钙质。每天白糖的食用量不宜超过 30 克。

青豆豆浆

健脾，预防脂肪肝

青豆豆浆能健脾、润燥、利水，并可起到保持血管弹性、健脑和防止脂肪肝形成的作用。

材料

青豆 80 克，白糖 15 克。

做法

1 青豆用清水浸泡 10~12 小时，洗净。

2 把浸泡好的青豆倒入豆浆机中，加水至上、下水位线之间，按下"豆浆"键，煮至豆浆机提示豆浆做好，依个人口味加白糖调味后饮用即可。

特别提醒
小米汁可以加入豆类一起打制，营养会加倍。

小米汁

和胃助眠

中医认为，小米有和胃养胃的作用，能健胃除湿、和胃安眠，内热、脾胃虚弱和胃口不好的人都适合食用。

材料

小米 60 克。

做法

1 小米淘洗干净，用清水浸泡 2 小时。

2 把小米倒入豆浆机中，加水至上、下水位线之间，按下"五谷"键，煮至豆浆机提示五谷汁做好即可。

玉米汁

防癌健脑

玉米富含天然的维生素 E，可延缓衰老、防癌抗癌，同时还能预防动脉粥样硬化和脑功能衰退。

材料

甜玉米 2 根，白糖适量。

做法

1 把甜玉米剥去叶子和根须后清洗干净，再掰下玉米粒。

2 将玉米粒放入豆浆机中，加水至上、下水位线之间，按下"五谷"键，然后等待豆浆机提示做好。玉米汁打好后可加入少许白糖调味。

特别提醒
掰玉米的时候可先抠下两列来，再一列列用拇指掰就很容易掰下完整的玉米粒了。

荞麦汁

防癌养心

荞麦中含有大量的镁，不但能抑制癌症的发展，还可以帮助血管舒张，维持心肌正常功能。

材料

荞麦 80 克，白糖适量。

做法

1 荞麦用清水浸泡 3~4 小时，洗净。

2 把泡好的荞麦倒入豆浆机中，加水至上、下水位线之间，按下"五谷"键，煮至豆浆机提示做好，倒出后依个人口味加白糖调味后饮用即可。

特别提醒
荞麦汁一次不宜饮用过多，否则容易引起消化不良。

Part3 不容错过的经典味道

41

黑芝麻糊 [养发护发]

黑芝麻具有养发乌发、养肾护肾的功效，适合须发早白的女性食用。

特别提醒

大便溏泄者不宜食用。

材料

黑芝麻 40 克，白糖适量。

做法

1 黑芝麻放入无油无水的炒锅中炒香，盛出，凉凉。

2 将炒过的黑芝麻放入豆浆机中，加入适量饮用水，搅打均匀后调入白糖即可。

营养专家教你做：豆浆 五谷米糊一本全

紫米米糊

此款米糊有滋阴补肾、养血明目的功效，还有开胃的作用。此米糊也适合小宝宝食用。

材料

紫米 60 克，白糖适量。

做法

1 紫米淘洗干净，用清水浸泡 2 小时。

2 将紫米倒入豆浆机中，加水至上、下水位线之间，按下"米糊"键，煮至豆浆机提示米糊做好即可。

特别提醒

此米糊中还可以加入红枣、苹果，功效更佳。

薏米米糊

此款米糊有滋润肌肤、养血调经的功效，还可减轻面部皮肤粗糙和痤疮。

材料

薏米 60 克，冰糖适量。

做法

1 薏米淘洗干净，用清水浸泡 2 小时。

2 将薏米倒入豆浆机中，加水至上、下水位线之间，按下"米糊"键，煮至豆浆机提示米糊做好，加入冰糖搅至化开即可。

特别提醒

薏米不易熟，过度烹煮可能会破坏其功效，所以一定要浸泡充分。

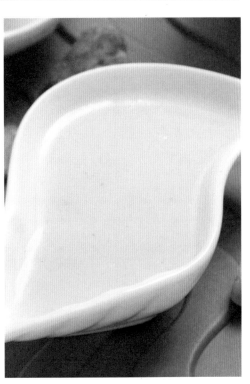

混搭风味

人们喜欢创造，所以在原汁原味的基础上创造出了更多的混搭风味，下面就介绍一些混搭中的精品，保证既好喝又营养。

米香豆浆 「有助蛋白质的吸收」

大米中蛋白质含量不多，且所含蛋白质的必需氨基酸不平衡。黄豆中蛋白质含量丰富，且所含蛋白质的必需氨基酸较为平衡。

特别提醒

做这道豆浆加热水，能较好地保存大米中的维生素 B_1。

材料

黄豆 60 克，大米 30 克。

做法

1 黄豆用清水浸泡 10~12 小时，洗净；大米淘洗干净。

2 把大米和浸泡好的黄豆一同倒入豆浆机中，加热水至上、下水位线之间，按下"豆浆"键，煮至豆浆机提示豆浆做好即可。

牛奶开心果豆浆

理气开郁、补益肺肾

这道牛奶开心果豆浆可以理气开郁，让人保持心情愉快，而且还具有很好的补益肺肾的作用。

材料

黄豆60克，开心果20克，牛奶250毫升，白糖15克。

做法

1 黄豆用清水浸泡10~12小时，洗净。
2 把开心果和浸泡好的黄豆一同倒入豆浆机中，加水至上、下水位线之间，按下"豆浆"键，煮至豆浆机提示豆浆做好，依个人口味加白糖调味。待豆浆凉至温热，倒入牛奶搅拌均匀后即可饮用。

特别提醒

过敏体质者应慎食开心果，以免引起过敏症状。

八宝豆浆

健脑益智

此豆浆中含有丰富的不饱和脂肪酸、多种矿物质和维生素，有很好的健脑益智、抗衰老、降胆固醇、稳定情绪等功效。

材料

黄豆、红豆各30克，核桃仁、鲜百合、薏米、黑芝麻、花生仁、莲子、冰糖各适量。

做法

1 黄豆用清水浸泡10~12小时，洗净；红豆浸泡4~6小时，洗净；莲子、花生仁、核桃仁、薏米、百合洗净，用清水浸泡2小时。
2 将所有材料倒入豆浆机中，加水至上、下水位线之间，按下"豆浆"键，煮至豆浆机提示豆浆做好，过滤后加冰糖搅拌至化开即可。

特别提醒

过敏体质者应慎食花生仁，以免引起过敏症状。

特别提醒

搅打豆浆前一定要将糙米用水浸泡，因为糙米的米质较硬，浸泡后能被搅打得更细碎一些，其所含营养素也更易被吸收。

绿豆糙米汁

排出体内毒素

绿豆的排毒作用十分突出，所含的蛋白质、鞣酸和类黄酮等可与有机磷农药及汞、砷、铅化合物结合形成沉淀物，使之减少或失去毒性，且不易被胃肠道吸收。糙米也具有排毒的功效，它能够分解农药和放射性物质，有效地防止人体吸收有害物质。

材料

绿豆 30 克，糙米 60 克，白糖适量。

做法

1 绿豆淘洗干净，用清水浸泡 4~6 小时；糙米淘洗干净，用清水浸泡 2 小时。

2 将 1 中的食材一同倒入豆浆机中，加水至上、下水位线之间，按下"五谷"键，煮至豆浆机提示做好，加白糖搅拌至化开即可。

南瓜大米黑米汁

润肠通便

南瓜含铬、钴、膳食纤维等营养素，可减少脂类吸收，并有通便润肠作用。

材料

黑米、南瓜各 50 克，大米 20 克。

做法

1 南瓜去皮除子，洗净，切小块；黑米、大米淘洗干净，用清水浸泡 2 小时。

2 将全部食材倒入豆浆机中，加水至上、下水位线之间，按下"五谷"键，煮至豆浆机提示做好即可。

特别提醒

也可以将黑米换成黑豆。

红薯小米黑米汁

预防心血管系统的脂质沉积

黑米、小米可清除血管壁上的胆固醇，甘薯中的 β – 胡萝卜素、维生素 C 具有抗氧化作用，能够预防心血管系统的脂质沉积，预防动脉粥样硬化，避免出现过度肥胖，辅助降血脂。

材料

黑米、红薯各 50 克，小米 20 克，熟栗子 30 克。

做法

1 黑米、小米洗净，浸泡 2 小时；红薯去皮，洗净，切小块。

2 将全部食材倒入豆浆机中，加水至上、下水位线之间，按下"五谷"键，煮至豆浆机提示做好即可。

特别提醒

此五谷汁也适合孕妈妈饮用。

大米花生红枣米糊

调养五脏、补气健脑

花生可以滋阴润肺、健脑益智，红枣可以补气养血、健脾养胃，二者搭配食用可以滋养五脏、补脾胃。

材料

大米 30 克，花生仁 20 克，红枣 15 克。

做法

1 大米淘洗干净，浸泡 2 小时；红枣洗净，用温水浸泡半小时，去核。

2 将全部食材倒入豆浆机中，加水至上、下水位线之间，按下"米糊"键，煮至豆浆机提示米糊做好即可。

特别提醒

此款米糊可作为中老年人的早餐食用，补益效果很好。

南瓜米糊

促进毒素排出

南瓜中的果胶有很好的吸附性，能黏附和消除体内细菌毒素和其他有害物质，促进铅、汞等重金属排出。

材料

大米 30 克，南瓜 20 克。

做法

1 大米淘洗干净，用清水浸泡 2 小时；南瓜洗净，去皮，除子，切成粒。

2 将大米、南瓜粒倒入豆浆机中，加水至上、下水位线之间，按下"米糊"键，煮至豆浆机提示米糊做好即可。

特别提醒
南瓜一次不宜吃太多，否则会影响脸色。

胡萝卜米糊

保护眼睛

胡萝卜中富含胡萝卜素、B 族维生素、蛋白质等，对眼睛有保护作用，可以预防夜盲症、干眼病等。

材料

大米 40 克，胡萝卜 50 克。

做法

1 大米淘洗干净；胡萝卜择洗干净，切成粒。

2 将大米、胡萝卜粒倒入豆浆机中，加水至上、下水位线之间，按下"米糊"键，煮至豆浆机提示米糊做好即可。

特别提醒
胡萝卜最好带皮食用，因为胡萝卜素在胡萝卜皮中含量更多。

Part

4

巧应时令：
一年四季都健康

春季
温补养生

- ✅宜食偏温食物以养阳。
- ✅适当吃甜味食物以防止肝气过旺。
- ✅适当增加富含维生素的疏菜、水果，以抵抗病毒、预防呼吸道感染等。
- ✅应吃些富含蛋白质的食物，增强抵抗力。
- ❌不宜多吃酸食，以免影响脾胃功能。
- ❌不宜多吃辛辣、油炸等容易上火的食物。

重点推荐食材

小米
滋阴补血

玉米
平肝利胆

薏米
健脾养胃

黑芝麻
增强抵抗力

红枣
补气养血

草莓
缓解春困

葱
预防感冒

玉米豆浆 「全面吸收植物蛋白质」

黄豆中色氨酸、赖氨酸、烟酸含量丰富；而玉米中赖氨酸、色氨酸及烟酸含量不足。二者搭配，营养素互补，营养更全面，蛋白质能被充分吸收。

材料
黄豆60克，玉米楂30克。

做法
1 黄豆用清水浸泡10~12小时，洗净；玉米楂淘洗干净，用清水浸泡2小时。
2 将玉米楂和浸泡好的黄豆倒入豆浆机中，加水至上、下水位线之间，按下"豆浆"键，煮至豆浆机提示豆浆做好即可。

营养专家教你做：豆浆 五谷米糊一本全

燕麦核桃豆浆 「升阳、调理脾胃」

燕麦片富含膳食纤维，可以调节肠胃；核桃仁能增强体力，养肝升阳，增强免疫力，与黄豆一起食用，有养阳强身的功效，此外，还能预防癌症。

特别提醒

燕麦虽然营养丰富，但一次不宜吃得太多，否则容易造成胃痉挛或者胃部胀气。

材料

黄豆 50 克，燕麦片 30 克，核桃仁 20 克。

做法

1 黄豆用清水浸泡 10~12 小时，洗净；燕麦片、核桃仁洗净。
2 将上述食材一同倒入豆浆机中，加水至上、下水位线之间，按下"豆浆"键，煮至豆浆机提示豆浆做好即可。

小米红枣汁

小米是滋阴、补血、养胃的佳品，与滋养气血的红枣搭配饮用，可以提升人体元气，补养身体。

材料

小米 50 克，红枣 20 克，黄豆 10 克。

做法

1 小米用清水浸泡 2 小时，洗净；黄豆用清水浸泡 10~12 小时，洗净；红枣洗净，去核，切碎。

2 把上述食材一同倒入豆浆机中，加水至上、下水位线之间，按下"五谷"键，煮至豆浆机提示五谷汁做好即可。

特别提醒

喝这款五谷汁时不宜过多食用桂圆、荔枝等性质温热的食物，否则容易上火。

高粱米糊

高粱米是大众熟知的粗粮之一，它富含的膳食纤维可以促进肠胃蠕动，达到消食化积的效果。此外，高粱米还具有和胃温中的作用，对肠胃有一定的补益作用。

材料

高粱米 80 克，冰糖 20 克。

做法

1 高粱米淘洗干净，用清水浸泡 8~10 小时。

2 将泡好的高粱米倒入豆浆机中，加水至上、下水位线之间，按下"米糊"键煮至豆浆机提示米糊做好，加入冰糖搅至化开即可。

特别提醒

大便燥结者应少饮或不饮高粱米糊。

玉米黄豆糊 「预防春季感冒」

玉米和黄豆搭配，可以实现蛋白质互补，使营养更全面，从而增强体质，进而预防感冒。

特别提醒
霉坏变质的玉米有致癌作用，不要食用。

材料
大米20克，鲜玉米粒80克，黄豆25克。

做法

1 黄豆淘洗干净，用清水浸泡10~12小时；大米淘洗干净，浸泡2小时；鲜玉米粒洗净。

2 将全部食材倒入豆浆机中，加水至上、下水位线之间，按下"米糊"键，煮至豆浆机提示米糊做好即可。

夏季
防暑清热

⊘饮食宜温、熟、软。　⊘适量吃些苦味食物，可消暑清热、清心除烦、醒脑提神，还可增进食欲、健脾利胃。　⊘常吃些富含钾的新鲜蔬菜和水果。　⊘可适当吃些蒜和醋，这样既可调味，又能杀菌，还有增进食欲的作用。

❌忌吃黏硬不易消化的食物，否则会损害脾脏。不可过食冷饮和冰激凌。

重点推荐食材

薏米
健脾，祛暑化湿

绿豆
清热解暑
益气养阴

莲子
清心安神
益气生津

草莓
解暑去火

红枣
补气养血

西瓜皮
清热解暑
生津止渴

酸奶
促进消化

黄瓜玫瑰燕麦豆浆

「清心解热、静心安神」

黄瓜富含维生素和酶类，可促进新陈代谢，消暑解渴。玫瑰花调节内分泌，理气、安神。

材料
黄豆、燕麦片各30克，黄瓜50克，玫瑰花5克。

做法

1 黄豆用清水浸泡10~12小时，洗净；黄瓜洗净，切小块；干玫瑰花洗净。

2 将所有食材一同倒入豆浆机中，加水至上、下水位线之间，按下"豆浆"键，煮至豆浆机提示豆浆做好即可。

绿豆西瓜皮豆浆

解热去暑、生津止渴、降火

西瓜皮富含水分、瓜氨酸，能清热解暑、生津止渴；绿豆可以帮助人们在夏季解热去暑。

材料

黄豆 50 克，绿豆 15 克，西瓜皮 60 克，冰糖 10 克。

做法

1 黄豆用清水浸泡 10~12 小时，洗净；绿豆用清水浸泡 2 小时，淘洗干净；西瓜皮去掉绿色的硬皮和红色的瓜瓤部分，洗净，切丁。

2 将 1 中的食材倒入豆浆机中，加水至上、下水位线之间，按下"豆浆"键，煮至豆浆机提示豆浆做好，加冰糖搅拌至化开即可。

特别提醒

西瓜皮丁要切得小一些，这样会搅打得更细碎一些，此款豆浆的去暑功效更好。

红枣大麦豆浆

健胃消食

大麦有消渴除热、健脾消食、预防慢性肠胃炎、益气宽中的功效，与红色养心食物红枣搭配非常适合在夏季食用。

材料

黄豆 50 克，红枣 20 克，大麦 15 克，冰糖 10 克。

做法

1 黄豆用清水浸泡 10~12 小时，洗净；红枣洗净，去核，切碎；大麦淘洗干净，用清水浸泡 2 小时。

2 将黄豆、红枣碎和大麦倒入豆浆机中，加水至上、下水位线之间，按下"豆浆"键，煮至豆浆机提示豆浆做好，过滤后加冰糖搅拌至化开即可。

特别提醒

中医认为，此款豆浆有回乳功效，因此怀孕期间和哺乳期的妇女忌食，否则会使乳汁分泌减少。

红枣紫米汁 [有助思维敏捷]

红枣有养心安神的作用，适合在夏季食用。而且，红枣还有养胃的功效。

特别提醒

红枣 6~8 个，水煎代茶饮，可以辅助治疗无痛尿血。

材料

紫米 60 克，红枣 15 克。

做法

1 紫米淘洗干净，用清水浸泡 2 小时；红枣洗净，去核，切碎。

2 将上述食材倒入豆浆机中，加水至上、下水位线之间，按下"五谷"键，煮至豆浆机提示做好即可。

红豆山楂米糊

红豆可消肿、排毒、利尿、净化血液；山楂富含有机酸，可降低血胆固醇含量。二者搭配食用有消肿排毒、降低血脂的作用。

材料

红豆、大米各50克，山楂10克，红糖适量。

做法

1 红豆洗净，浸泡4~6小时；大米淘洗干净，浸泡2小时；山楂洗净，用水浸泡半小时，去核。

2 将1中的全部食材倒入豆浆机中，加水至上、下水位线之间，按下"米糊"键，煮至豆浆机提示米糊做好，加入红糖搅至化开即可。

特别提醒

山楂含果酸较多，胃酸分泌过多者不宜饮用这款豆浆。

红豆小米糊

红豆能清热去湿、消肿解毒、清心除烦、补血安神；小米可健胃消食，辅助治疗脾胃虚热等症。此款米糊可养心神、调脾胃、清热去火。

材料

红豆、小米各50克，核桃仁10克，蜂蜜适量。

做法

1 红豆用清水浸泡4~6小时，洗净；小米淘洗干净，用清水浸泡2小时；核桃仁洗净。

2 将1中的食材一同倒入豆浆机中，加水至上、下水位线之间，按下"米糊"键，煮至豆浆机提示米糊做好，加蜂蜜搅匀即可。

特别提醒

此款米糊具有滋阴养血的功能，产妇适当多饮，可调养虚弱的体质，帮助体力恢复。

秋季
滋阴润燥

- ✅ 适量多吃些口味偏酸的食物，能增强肝脏功能。
- ✅ 多喝水，以保持肺与呼吸道的正常湿润度。 ✅ 每天喝碗热乎乎的菜粥，不但能健脾胃，还有利于吸收更多的营养。
- ❌ 忌进补过量，以免损伤脾胃。 ❌ 忌吃性质过燥的食物，比如一些煎、炸、烧烤类的食物。

重点推荐食材

糯米
健脾胃，补中气

黑芝麻
滋阴润燥

杏仁
止咳平喘

百合
补肺安神

莲藕
滋阴润肺

胡萝卜
增强抗过敏能力

菊花
滋阴润燥

红枣红豆豆浆 「滋阴生津」

红豆有生津、利尿、消肿、排毒的功效；红枣能滋补五脏、益气养血、宁心安神。二者搭配在秋季饮用可以滋阴养血、生津利尿。

材料

红豆 50 克，红枣 15 克，冰糖适量。

做法

1 红豆用清水浸泡 4~6 小时，洗净；红枣洗净，用温水浸泡半小时，去核。

2 将 1 中的食材一同倒入豆浆机中，加水至上、下水位线之间，按下"豆浆"键，煮至豆浆机提示豆浆做好，过滤后加入冰糖搅至化开即可。

糯米百合藕豆浆

秋天燥咳的人，可吃莲藕润肺止咳。百合具有润肺止咳的功效，对肺热干咳、痰中带血等有辅助调养作用。

材料

黄豆 50 克，莲藕 30 克，糯米 20 克，百合 5 克，冰糖 10 克。

做法

1 黄豆用清水浸泡 10~12 小时，洗净；糯米淘洗干净，用清水浸泡 2 小时；百合用清水泡发，择洗干净，切碎；莲藕去皮，洗净，切碎。

2 把 1 中的食材一同倒入豆浆机中，加水至上、下水位线之间，按下"豆浆"键，煮至豆浆机提示豆浆做好，加冰糖搅拌至化开即可。

特别提醒

将莲藕皮润湿，用纯不锈钢钢丝球擦拭莲藕的表面，能很容易地去掉莲藕皮，去掉藕皮切出的藕片又快又薄。

百合莲子绿豆浆

清肺热、除肺燥

绿豆能清热，对肺热、肺燥可起到改善作用；莲子有滋阴润肺的作用。二者搭配适合在秋季食用。

材料

黄豆 30 克，绿豆 20 克，百合 10 克，莲子 15 克。

做法

1 黄豆用清水浸泡 10~12 小时，洗净；绿豆淘洗干净，用清水浸泡 4~6 小时；百合洗净，泡发，切碎；莲子洗净，泡软。

2 将 1 中的食材一同倒入豆浆机中，加水至上、下水位线之间，按下"豆浆"键，煮至豆浆机提示豆浆做好饮用即可。

特别提醒

这道豆浆宜带渣饮用，能更全面地吸收绿豆及莲子中的营养。

百合菊花小米汁 [滋阴去火]

菊花有清热的作用，可以去肺火；百合、小米有滋阴去燥的功效。三者搭配适合在秋季食用，可以缓解秋燥症状。

特别提醒

菊花用普通的干杭菊即可。

材料

小米 80 克，百合 30 克，菊花 10 克，冰糖 10 克。

做法

1 小米淘洗干净，用清水浸泡 2 小时；百合泡发，洗净，分瓣；菊花洗净浮尘。

2 将 1 中的食材一同倒入豆浆机中，加水至上、下水位线之间，按下"五谷"键，煮至豆浆机提示做好，加冰糖搅拌至化开即可。

糯米糊

糯米可温暖脾胃、补益中气，大米可益气、通血脉、补脾养阴，这款米糊适用于脾胃虚寒、食欲缺乏等症。

材料

大米 30 克，糯米 60 克，冰糖适量。

做法

1 大米、糯米淘洗干净，用清水浸泡 2 小时。

2 将大米、糯米倒入豆浆机中，加水至上、下水位线之间，按下"米糊"键，煮至豆浆机提示米糊做好后，加入冰糖搅拌至化开即可。

特别提醒

糯米糊宜热时食用，一次不宜食用过多，以免胀气。

百合薏米糊

润燥清热

此款薏米糊可清火、润肺、止咳，对肺热咳嗽等症有良好的辅助治疗作用。

材料

薏米 50 克，鲜百合 30 克，冰糖适量。

做法

1 薏米淘洗干净，用清水浸泡 2 小时；鲜百合洗净，剥成小片。

2 将薏米、百合倒入豆浆机中，加水至上、下水位线之间，按下"米糊"键，煮至豆浆机提示米糊做好后，加入冰糖搅拌至化开即可。

特别提醒

风寒咳嗽者不宜饮用。

Part4 巧应时令：一年四季都健康

61

糯米莲子山药糊 [补脾止泻、滋补元气]

此款糯米莲子山药糊可补脾止泻、健胃
益肾、滋补元气，适用于脾虚泄泻者。

特别提醒

新鲜山药的黏液会使皮肤发痒，切山药
后可用清水加少许醋洗手。

材料

糯米60克，莲子、山药、红枣各20克，
红糖适量。

做法

1 糯米淘洗干净，用清水浸泡2小时；
莲子去心，用清水浸泡2小时，洗
净；山药洗净，去皮，切小块；红枣
洗净，用温水浸泡半小时，去核。

2 将1中的食材倒入豆浆机中，加水
至上、下水位线之间，按下"米糊"
键，煮至豆浆机提示米糊做好，加入
红糖搅拌至化开即可。

冬季
防寒暖身

- ✅ 适量摄入富含蛋白质、碳水化合物和脂肪的食物。
- ✅ 适量吃些黑色食物，如乌鸡、黑芝麻、木耳、紫葡萄等。 ✅ 适量多吃些性质温热且能保护人体阳气的食物，如韭菜、羊肉等。
- ❌ 尽量少吃冰冷的食物。 ❌ 不宜多吃黏硬、生冷之品，以免损伤脾阳，导致腹痛、腹泻的发生。

重点推荐食材

黑米
滋阴补肾

黑豆
补肾强身

黄豆
补充蛋白质

黑芝麻
滋补肝肾

胡萝卜
补充矿物质

香菇
提高耐寒力

牛奶
补充能量

红枣糯米黑豆豆浆

「养胃健脾、驱寒暖身」

红枣能补益中气、温补脾胃、养肾固精。糯米含有丰富的营养物质，可健脾暖胃、滋阴润肺，为温补强壮佳品。

材料
黑豆 50 克，糯米 25 克，红枣 5 克。

做法
1 黑豆用清水浸泡 10~12 小时，洗净；糯米淘洗干净，用清水浸泡 2 小时；红枣洗净，用温水浸泡半小时，去核。
2 将 1 中的食材一同倒入豆浆机中，加水至上、下水位线之间，按下"豆浆"键，煮至豆浆机提示豆浆做好，过滤即可。

牛奶芝麻豆浆

提高御寒能力

牛奶中含有丰富的蛋白质，可以为身体补充热量，提高人体对低温的耐受力。黑芝麻富含优质脂肪酸，可为人体提供充足热量。

材料

黄豆 50 克，牛奶 100 毫升，黑芝麻 10 克。

做法

1 黄豆用清水浸泡 10~12 小时，洗净；黑芝麻洗净，沥干水分，碾碎。

2 将黄豆和黑芝麻倒入豆浆机中，加水至上、下水位线之间，按下"豆浆"键，煮至豆浆机提示豆浆做好，加牛奶搅拌均匀即可。

特别提醒

黑芝麻先上火炒熟，再用擀面杖碾压就可以轻松碾碎了。

豌豆豆浆

御寒保暖

豌豆富含胡萝卜素、维生素 B_2 等。胡萝卜素可以转化为维生素 A，能增强人体的耐寒力。维生素 B_2 可以预防冬季多发的口角炎等。

材料

豌豆 80 克，白糖 15 克。

做法

1 豌豆用清水浸泡 10~12 小时，洗净。

2 把浸泡好的豌豆倒入豆浆机中，加水至上、下水位线之间，按下"豆浆"键，煮至豆浆机提示豆浆做好，依个人口味加白糖调味后即可饮用。

特别提醒

喝豌豆豆浆的同时吃些鸡蛋、肉干等富含氨基酸的食物，能提高豌豆的营养价值。

黑芝麻黑枣黑米汁 [补肾御寒]

黑色食物具有养肾补肾的作用，在冬季食用符合中医冬季养肾的理论。此外，这几种食物还能为人体提供能量，以抵抗寒冷。

特别提醒

此款五谷汁还可以用于过敏缓解期的调养。

材料

黑米 50 克，熟黑芝麻、黑枣各 15 克，冰糖 10 克。

做法

1 黑米洗净，用清水浸泡 2 小时；黑枣洗净，去核，切碎；黑芝麻碾碎。

2 将 1 中的所有食材倒入豆浆机中，加水至上、下水位线之间，按下"五谷"键，煮至豆浆机提示豆浆做好，加冰糖搅拌至化开即可。

黑豆黑米糊

滋补肝肾、补益气血

此款米糊可补益中气、增强体质、滋补肝肾，适用于贫血、乏力等症。

材料

黑米 30 克，黑豆 80 克。

做法

1 黑豆洗干净，用清水浸泡 10 小时；黑米淘洗干净，浸泡 2 小时。

2 将全部食材倒入豆浆机中，加水至上、下水位线之间，按下"米糊"键，煮至豆浆机提示米糊做好即可。

特别提醒

此米糊还有开胃、健脾、活血、明目等功效，适合女性食用。

枣杞姜米糊

益气补血、祛风驱寒

红枣可驱寒保暖、养颜补血。枸杞子可补肾益精、养肝明目、补血安神。此米糊可以促进血液循环，补气养血，祛风驱寒，适合冬季饮用。

材料

大米 80 克，红枣 25 克，枸杞子 15 克，姜10 克。

做法

1 大米淘洗干净，用清水浸泡 2 小时；红枣洗净，用温水浸泡半小时，去核；枸杞子洗净，用温水浸泡半小时。

2 将全部食材倒入豆浆机中，加水至上、下水位线之间，按下"米糊"键，煮至豆浆机提示米糊做好即可。

特别提醒

体质偏湿热的女性，不适合在经期食用此款米糊，以免加重水肿症状。

5

调养五脏：
由内而外养护好

养心

☑中医认为红色食物可养心，苦味食物可入心，因此养心可多吃红色食物、苦味食物。　☑饮食以清淡为主。　☑多吃富含膳食纤维、维生素和矿物质的食物。
❌尽量减少脂肪，特别是动物性脂肪的摄入。　❌少吃高糖、高盐食物。

重点推荐食材

小麦
养心除热

红豆
养心补血

莲子
养心安神

百合
清心安神

小米
镇静安神

红枣
补气养心

黄米
养心安眠

百合红豆绿豆浆

「强心，改善心悸」

百合具有养心安神的功效，对心悸有一定改善作用。红豆能补心，有强化心脏功能的作用。

材料
绿豆、红豆各 25 克，鲜百合 20 克。

做法
1 绿豆、红豆淘洗干净，用清水浸泡 4~6 小时；百合择洗干净，分瓣。
2 把上述食材一同倒入豆浆机中，加水至上、下水位线之间，按下"豆浆"键，煮至豆浆机提示豆浆做好即可。

红枣枸杞豆浆

红枣有增加心肌收缩力、改善心肌营养的作用。枸杞子属红色食物，中医认为红色食物能养心，故对心脏病可起到预防作用。

材料

黄豆 45 克，红枣 20 克，枸杞子 10 克。

做法

1 黄豆用清水浸泡 10～12 小时，洗净；红枣洗净，去核，切碎；枸杞子洗净，用清水泡软。
2 把上述食材一同倒入豆浆机中，加水至上、下水位线之间，按下"豆浆"键，煮至豆浆机提示豆浆做好即可。

特别提醒

去枣核的方法：把蒸帘放在蒸锅的蒸格上，红枣对准蒸帘上的孔眼竖放，一只手扶住红枣，另一只手拿一根竹筷在红枣的居中处穿过，红枣核就被去除干净了。

莲子黄米豆浆

莲子在养心安神方面有独特的功效，其富含的钙、磷、钾，对因身体衰弱、神经衰弱等引起的睡眠不安、易醒、多梦、易惊、易怒，可起到较好的食疗效果。黄米对夜不得眠有很好效果。

材料

黄豆 50 克，黄米 20 克，莲子 10 克，冰糖 15 克。

做法

1 黄豆用清水浸泡 10～12 小时；黄米、莲子分别洗净，用清水浸泡 2 小时。
2 将 1 中的食材一同倒入豆浆机中，加水至上、下水位线之间，按下"豆浆"键，煮至豆浆机提示豆浆做好，加冰糖搅拌至化开即可。

特别提醒

优质黄米颜色明黄、手感圆滑，陈米或劣质米手感粗糙、颜色黯黄。

特别提醒

在打制玉米时可以加入少量的碱，这样可以使玉米中的烟酸易于吸收。

红枣玉米汁

玉米糁中的钾、维生素 E 等物质，可通过促进钠的排泄、扩张血管的方式降压；红枣含有芦丁，可通过软化血管而使血压降低。

材料

玉米糁 60 克，红枣 25 克，冰糖 10 克。

做法

1 玉米糁淘洗干净，用清水浸泡 2 小时；红枣洗净，去核，切碎。

2 将 1 中的食材倒入豆浆机中，加水至上、下水位线之间，按下"五谷"键，煮至豆浆机提示做好，过滤后加冰糖搅拌至化开即可。

特别提醒

红豆以颗粒饱满均匀、表面光洁、无虫眼、无碎粒的为佳。

红豆莲子米糊

红豆可补气血，消水肿；莲子可健脾润肺，养心安神。这款米糊可补血益气，尤其适合妊娠水肿者饮用。

材料

红豆 20 克，莲子 30 克，红枣 5 克，熟黑芝麻 15 克，大米 20 克，冰糖适量。

做法

1 红豆洗净，浸泡 4~6 小时；大米淘洗干净，浸泡 2 小时；红枣、莲子洗净，用浸泡半小时，红枣去核，莲子去心。

2 将 1 中的食材及黑芝麻倒入豆浆机中，加水至上、下水位线之间，按下"米糊"键，煮至豆浆机提示米糊做好，加入冰糖搅至化开即可。

健脾胃

✅饮食以清淡为主。　✅饮食以谷类和蔬果为主。
❌少吃油炸食物，因为油炸食物不仅不易消化，还会加重消化道负担，引起消化不良。　❌少吃生冷食物。
❌少吃辣椒、胡椒等辛辣食物，以免刺激消化道黏膜。

重点推荐食材

大麦
补脾健胃

高粱
补益脾胃

小麦
调理脾胃

小米
养胃开胃

青豆
补益脾胃

南瓜
促进代谢

红枣
健脾养胃

山药糯米青豆豆浆

「补脾胃，改善脾胃功能」

山药能健脾益气，适用于食欲缺乏、消化不良、久痢泄泻等脾胃功能不好的人群。青豆能补脾胃，适用于脾胃虚弱、食欲缺乏等症。

材料
黄豆、青豆各 30 克，鲜山药 50 克，糯米 15 克。

做法

1 黄豆、青豆用清水浸泡 10~12 小时，洗净；糯米淘洗干净，用清水浸泡 2 小时；山药去皮，洗净，切小丁。

2 把上述食材一同倒入豆浆机中，加水至上、下水位线之间，按下"豆浆"键，煮至豆浆机提示豆浆做好即可。

Part5 滋养五脏：由内而外养护好

71

五谷酸奶豆浆

开胃、助消化

玉米可促进肠胃蠕动，具有调中开胃的功效。酸奶能开胃、助消化，增强胃肠动力。

材料

黄豆50克，玉米、大米、小米、小麦仁各15克，酸奶200毫升。

做法

1 黄豆及小麦仁用清水浸泡10~12小时，洗净；大米、小米、玉米淘洗干净，用清水浸泡2小时。

2 将1中的食材一同倒入豆浆机中，加水至上、下水位线之间，按下"豆浆"键，煮至豆浆机提示豆浆做好，过滤后放凉，加入酸奶搅拌均匀即可。

特别提醒

此款豆浆一定要先放凉再加入酸奶，否则会破坏酸奶中的营养物质。

青豆糯米豆浆

改善脾胃虚寒、食欲不佳

糯米富含碳水化合物、维生素 B_1、维生素 B_2 等，能温暖脾胃，对脾胃虚寒、食欲不佳有缓解作用；青豆富含硒、磷脂等，能补脾胃，适合脾胃虚弱、食欲缺乏的人。

材料

黄豆40克，青豆25克，糯米10克。

做法

1 黄豆、青豆用清水浸泡10~12小时，洗净；糯米淘洗干净，用清水浸泡2小时。

2 将上述食材倒入豆浆机中，加水至上、下水位线之间，按下"豆浆"键，煮至豆浆机提示豆浆做好，凉至温热饮用即可。

特别提醒

糯米黏腻，比较考验肠胃消化功能，所以消化力弱的人不宜多饮此款豆浆。

红枣高粱汁

我国民间有"每天吃枣，郎中少找"的说法。红枣富含铁，常吃些枣既可以健脾养胃，又可补益肝脏；高粱米含有碳水化合物等物质，可补益脾胃，十分适合脾胃功能低下者食用。

材料

高粱米 60 克，红枣 10 克。

做法

1 高粱米洗净，用清水浸泡 2 小时；红枣洗净，去核，切碎。

2 将上述食材倒入豆浆机中，加水至上、下水位线之间，按下"五谷"键，煮至豆浆机提示做好即可。

特别提醒

高粱米有红、白之分，红色高粱米主要用于酿酒，白色的食用，打制豆浆应选择白色的。

二米南瓜红枣糊

健脾益胃、排毒养颜

糯米可温暖脾胃、补益中气，适用于脾胃虚寒、食欲缺乏等症；南瓜可丰肌美肤，促进新陈代谢。二者同食可健脾益胃、排毒养颜。

材料

大米、糯米各 30 克，南瓜 20 克，红枣 10 克。

做法

1 大米、糯米淘洗干净，用清水浸泡 2 小时；南瓜洗净，去皮，除子，切成粒；红枣洗净，去核，切碎。

2 将大米、糯米、红枣碎和南瓜粒倒入豆浆机中，加水至上、下水位线之间，按下"米糊"键，煮至豆浆机提示米糊做好即可。

特别提醒

此款米糊还具有润肺、滋阴、养颜的功效，尤其适合女性在秋季食用。

Part5 调养五脏：由内而外养护好

73

护肝

- ✅ 饮食宜粗细搭配，多吃蔬菜、水果。　✅ 多吃绿色食物。
- ✅ 少饮酒，少吃辛辣刺激性食物。
- ❌ 不要大量饮用碳酸饮料，因为会干扰肝脏的正常工作。
- ❌ 少吃肥肉、动物油和油炸食品等富含脂肪的食物，避免肝脏的负担增加。

重点推荐食材

黄豆
帮助肝脏修复

燕麦
减少体内胆固醇

绿豆
清肝明目

枸杞子
滋补肝肾

葡萄
补益气血、益肝阴

南瓜
促进代谢

红枣
安五脏、补血

绿豆红枣枸杞豆浆

「增强肝脏解毒能力」

绿豆能清肝明目、增强肝脏解毒能力；红枣能安五脏、补血；枸杞子能滋补肝肾。三者搭配制成豆浆，养肝护肝的作用更强。

材料

黄豆60克，绿豆20克，红枣4枚，枸杞子5克。

做法

1 黄豆用清水浸泡10~12小时，洗净；绿豆淘洗干净，用清水浸泡4~6小时；枸杞子洗净，泡软，切碎；红枣洗净，去核，切碎。

2 把上述食材一同倒入豆浆机中，加水至上、下水位线之间，按下"豆浆"键，煮至豆浆机提示豆浆做好即可。

玉米葡萄豆浆 [强肝，预防脂肪肝]

黄豆富含不饱和脂肪酸和大豆卵磷脂，有防止脂肪肝形成的作用。葡萄富含葡萄糖及多种维生素，有补益气血、益肝阴的功效，强肝、保肝效果尤佳。

特别提醒

也可用鲜葡萄代替葡萄干打制豆浆。

材料

黄豆 60 克，玉米 20 克，无子葡萄干 15 克。

做法

1 黄豆用清水浸泡 10~12 小时，洗净；玉米淘洗干净，用清水浸泡 2 小时；葡萄干用清水泡软，切碎。

2 把上述食材一同倒入豆浆机中，加水至上、下水位线之间，按下"豆浆"键，煮至豆浆机提示豆浆做好即可。

葡萄干大米汁

舒缓肝气，强肝、保肝

葡萄干味甜适口，其富含葡萄糖及多种维生素，常吃些葡萄干能舒缓肝气，强肝、保肝效果尤佳。大米可补益五脏，使血脉充盈。

材料

大米 60 克，葡萄干 20 克。

做法

1 大米淘洗干净，用清水浸泡 2 小时；葡萄干洗净。

2 将上述食材倒入豆浆机中，加水至上、下水位线之间，按下"五谷"键，煮至豆浆机提示做好即可。

特别提醒

葡萄干表面有细小的褶皱，不好清洗，清洗前可以先浸泡几分钟，有助于将褶皱中的脏物洗干净。

花生莲子荞麦糊

清热解毒、明目降压

此款米糊有清肝明目、清热解毒、降血压的作用，还适合咳嗽、痰多、消化不良者食用。

材料

绿豆 40 克，荞麦米 25 克，熟花生仁、莲子各 20 克，冰糖 15 克。

做法

1 绿豆洗净，浸泡 4~6 小时；荞麦米淘洗干净，浸泡 2 小时；莲子用清水浸泡 2 小时，洗净，去心。

2 将 1 中的所有食材和花生仁倒入全自动豆浆机中，加水至上、下水位线之间，按下"米糊"键，煮至豆浆机提示米糊做好，加入冰糖搅拌至化开即可。

特别提醒

荞麦米性凉，脾胃虚寒的人慎食。

润肺

✅中医认为，白色食物入肺，具有滋阴润肺的功效，因此可适当多吃白色食物。　✅应多进食清淡、水分多且易吸收的粥、果汁等。　✅多吃蔬菜、水果以滋阴润燥。　✅适当多吃鱼类、肉类等高蛋白食品。

❌少吃辛辣、刺激性食物。　❌不宜饮酒。

重点推荐食材

大米
滋阴润肺

糯米
滋阴润肺

黑芝麻
润肺养血

黑豆
润肺化痰

雪梨
润肺止咳

银耳
清肺热

枇杷
养肺止咳

绿豆百合银耳豆浆

「清肺热、滋阴润肺」

在气候干燥的秋冬季节，这款豆浆有滋阴润燥的作用。

材料

黄豆50克，绿豆30克，鲜百合、水发银耳、冰糖各10克。

做法

1 黄豆用清水浸泡10~12小时，洗净；绿豆用清水浸泡2小时，淘洗干净；水发银耳择洗干净，撕成小朵；鲜百合分瓣，择洗干净。

2 将1中的食材倒入豆浆机中，加水至上、下水位线之间，按下"豆浆"键，煮至豆浆机提示豆浆做好，加冰糖搅拌至化开即可。

莲藕小米青豆豆浆

养阴润燥、补肺

莲藕含有碳水化合物、膳食纤维等，可养阴清热、润燥止渴、补肺养血；青豆可润燥；小米可滋阴补血。这款豆浆有不错的滋阴润肺功效。

材料

青豆50克，小米20克，莲藕30克，蜂蜜适量。

做法

1 青豆用清水浸泡10~12小时，洗净；小米洗净，浸泡2小时；莲藕去皮，洗净，切丁。

2 将1中的食材倒入豆浆机中，加水至上、下水位线之间，按下"豆浆"键，煮至豆浆机提示豆浆做好，过滤后凉至温热，加蜂蜜搅拌均匀即可。

特别提醒

切好的莲藕放在清水中浸泡，能防止氧化变黑。

黑豆雪梨大米豆浆

养阴、润肺化痰

黑豆能润肺化痰，对难以痊愈的咳嗽及咳中带痰有较好的改善作用。雪梨可祛痰止咳，养护咽喉，对肺结核咳嗽可起到较好的辅助食疗作用。

材料

黑豆40克，大米30克，雪梨1个，蜂蜜10克。

做法

1 黑豆用清水浸泡10~12小时，洗净；大米淘洗干净；雪梨洗净，去蒂，除子，切碎。

2 把1中的食材一同倒入豆浆机中，加水至上、下水位线之间，按下"豆浆"键，煮至豆浆机提示豆浆做好，凉至温热后加蜂蜜调味即可。

特别提醒

雪梨用刨丝刀擦成细丝后再切，容易切得细碎一些。

山药百合米糊

健脾补肺

百合可润肺止咳、安心养神，与健脾补肺、增强免疫力的山药搭配可以滋阴润肺。

材料

大米 50 克，山药 30 克，鲜百合 10 克。

做法

1 大米淘洗干净；山药去皮，洗净，切丁；百合择洗干净，分瓣。

2 将上述食材一同倒入豆浆机中，加水至上、下水位线之间，按下"米糊"键，煮至豆浆机提示米糊做好即可。

特别提醒

大便燥结者不宜食用。

小米芝麻糊

防止皮肤干燥、粗糙

小米芝麻糊具有滋阴润肺、健脑益智、养血补血的功效，经常使用电脑的人食用，可以缓解辐射引起的肌肤干燥、粗糙。坚持服用还可令肌肤光滑细腻，散发红润光泽。

材料

小米 100 克，黑芝麻 50 克，姜 10 克。

做法

1 小米淘洗干净，浸泡 2 小时；黑芝麻淘洗干净。

2 将小米、黑芝麻、姜片放入豆浆机中，加水至上、下水位线间，按下"米糊"键，煮至豆浆机提示米糊已做好，倒入杯中即可。

特别提醒

芝麻外面有一层稍硬的膜，只有将其碾碎，其中的营养素才能被吸收。

补肾

✅饮食宜清淡少盐。　✅适量多喝些水，多吃利尿食物，促进排尿和体内毒素的排出。

❌少吃高蛋白食物，蛋白质在代谢后会加重肾脏的负担。

❌不宜暴饮暴食。　❌少喝或不喝碳酸饮料。　❌忌烟酒和辛辣、酸冷、刺激性食物。

重点推荐食材

黑米
补肾益肾

黑豆
补肾强身

黑芝麻
补益肝肾

枸杞子
补肾益精

栗子
补肾调理

腰果
补肾壮阳

冬瓜
补肾利尿

黑豆黄豆浆 [滋阴润燥、化痰止咳]

黑豆能滋阴补肾，与黄豆一同打成豆浆，能改善肾虚引起的腰酸腿软等不适症状。

材料

黄豆50克，黑豆40克，蜂蜜10克。

做法

1 黄豆、黑豆用水浸泡10~12小时，洗净。

2 把1中的所有食材一同倒入豆浆机中，加水至上、下水位线之间，按下"豆浆"键，煮至豆浆机提示豆浆做好，凉至温热后加入蜂蜜搅拌均匀即可。

栗香黑米黑豆浆

补肾强身

黑豆含有蛋白质、磷脂、烟酸等，能补肾强身，特别适合肾虚者；黑米能滑涩补精、滋阴补肾；栗子富含淀粉、蛋白质、B族维生素，最适合秋末冬初补肾调理。

材料

黑豆50克，黑米、栗子各20克，冰糖10克。

做法

1 黑豆用清水浸泡10～12小时，洗净；黑米洗净，浸泡2小时；栗子洗净，去皮取肉，切碎。

2 将1中的食材倒入豆浆机中，加水至上、下水位线之间，按下"豆浆"键，煮至豆浆机提示豆浆做好，加冰糖搅拌至化开即可。

特别提醒

黑豆不宜去皮，黑豆皮中含有的抗氧化物质花青素，能清除人体内的自由基，让身体更有活力。

黑芝麻黄米黑豆浆

润肺化痰

黑芝麻和黑豆都是黑色食物，中医认为，黑色食物入肾，能增强肾脏之气，并且它们还富含维生素E。黄米也含维生素E、锌，可补肾强肾。

材料

黑豆50克，黄米20克，熟黑芝麻10克。

做法

1 黑豆用清水浸泡10～12小时，洗净；黄米洗净，浸泡2小时；黑芝麻擀碎。

2 将上述食材倒入豆浆机中，加水至上、下水位线之间，按下"豆浆"键，煮至豆浆机提示豆浆做好，凉至温热饮用即可。

特别提醒

黑豆不宜多吃，过量会引起消化不良。

腰果花生糊

腰果含有丰富的不饱和脂肪酸和各种维生素，可润肠通便、延缓衰老、补肾健脾。花生含有丰富的维生素E和不饱和脂肪酸，对于延缓衰老有很好的作用。

材料

大米 50 克，腰果 25 克，花生仁 20 克。

做法

1 大米淘洗干净，浸泡 2 小时。

2 将大米、腰果、花生仁一起放入豆浆机中，加水至上、下水位线之间，按下"米糊"键，煮至豆浆机提示米糊做好，倒入杯中即可。

特别提醒

腰果中含油脂丰富，胆功能严重不良者忌食。

黑米黑芝麻汁

黑米滋阴补肾、健身暖胃，对头昏目眩、贫血白发、腰膝酸软等症疗效尤佳。黑芝麻滋补肾阴，可改善老年人体虚乏力的状况。

材料

黑米 60 克，黑芝麻 20 克。

做法

1 黑米淘洗干净，用清水浸泡 2 小时；黑芝麻洗净，沥干水分，擀碎。

2 把所有食材一同倒入豆浆机中，加水至上、下水位线之间，按下"五谷"键，煮至豆浆机提示做好即可。

特别提醒

购买黑芝麻时，找一个断口的查看断口颜色，黑色说明是染色的，白的则是真的。

Part

6

增强体质：
彻底远离亚健康

益气养血

✅饮食宜细软。　✅宜食富含优质蛋白质的食物，如鱼类、豆类等。　✅常食用含铁丰富的食物，如肉类、动物内脏等。❌不要经常大量食用会耗气的食物，如生萝卜、空心菜、山楂、胡椒等。　❌忌食生冷寒凉的食物。　❌忌食油腻、辛辣的食物。

重点推荐食材

大米
补中益气

糯米
补益气血

黑豆
补虚生血

红枣
益气生津

糙米
补益中气

草莓
补气养血

红豆
补血

黄豆红枣糯米豆浆

「改善气虚造成的不适感」

糯米能缓解气虚所导致的盗汗及过度劳累后出现的气短乏力等症状。红枣可补脾和胃、益气生津，改善脾气虚所致的食欲缺乏。

材料
黄豆 60 克，红枣 10 克，糯米 20 克。

做法
1 黄豆用清水浸泡 10~12 小时，洗净；糯米淘洗干净，用清水浸泡 2 小时；红枣洗净，去核，切碎。
2 将上述食材一同倒入豆浆机中，加水至上、下水位线之间，按下"豆浆"键，煮至豆浆机提示豆浆做好即可。

营养专家教你做：豆浆 五谷米糊一本全

桂圆糯米红豆豆浆

气血双补、止血、养颜

桂圆不仅有补血的作用，还有补气作用；红豆能补气血、瘦身、养颜和去湿；花生不但能补血，还能止血；糯米富含碳水化合物，可补养人体正气。

材料

红豆 40 克，花生仁 15 克，糯米 20 克，桂圆肉 15 克。

做法

1 红豆淘洗干净，用清水浸泡 4~6 小时；糯米洗净，浸泡 2 小时；花生仁挑净杂质，洗净。

2 将上述食材和桂圆肉一同倒入豆浆机中，加水至上、下水位线之间，按下"豆浆"键，煮至豆浆机提示豆浆做好，过滤至杯中即可。

特别提醒

很多人买回桂圆后都是直接剥了皮吃，认为吃其果肉无须刻意清洗。其实，果皮上有许多灰尘、细菌，剥皮时会使灰尘、细菌沾在果肉上，因此进食前需在流动水下彻底清洗。

红枣芝麻红豆豆浆

补气血、健脾胃、增强免疫力

黑色和红色的食物多有补血的功效：红枣和红豆富含多种维生素、微量元素，能补气血、健脾胃、增强免疫力；黑芝麻富含铁等营养素，能补血生血。

材料

红豆 50 克，红枣 15 克，熟黑芝麻、枸杞子各 10 克。

做法

1 红豆用清水浸泡 4~6 小时，洗净；红枣洗净，去核，切碎；黑芝麻擀碎；枸杞子清洗干净。

2 将上述食材一同倒入豆浆机中，加水至上、下水位线之间，按下"豆浆"键，煮至豆浆机提示豆浆做好，凉至温热饮用即可。

特别提醒

如果嫌每次打豆浆都要给红枣去核麻烦，可以购买已去好核的红枣。

黄芪大米汁

改善气虚、气血不足

黄芪能益气固表，凡中医认为气虚、气血不足的情况，都可以用黄芪。大米能益气、通血脉、补脾、养阴。

材料

黄芪 25 克，大米 80 克，蜂蜜 10 克。

做法

1 大米淘洗干净；黄芪煎汁备用。

2 将大米倒入豆浆机中，淋入黄芪煎汁，再加适量清水至上、下水位线之间，按下"五谷"键，煮至豆浆机提示做好，过滤后凉至温热，加蜂蜜调味后饮用即可。

特别提醒

黄芪煎汁的方法：黄芪放进砂锅中，加300 毫升清水浸泡 30 分钟，上火烧开，转小火煎 30 分钟，去渣取汁即可。

糙米花生杏仁糊

补血益气、润肤养颜

糙米能够补益中气，增强体质，适用于贫血、便秘等症；花生、杏仁有滋润皮肤、延缓衰老等功效，食用这款米糊可补血益气、健脾益胃、润肤养颜。

材料

糙米 50 克，熟花生仁 15 克，杏仁 10 克，冰糖适量。

做法

1 糙米淘洗干净，用清水浸泡 2 小时。

2 将糙米、熟花生仁、杏仁倒入豆浆机中，加水至上、下水位线之间，按下"米糊"键，煮至豆浆机提示米糊做好，加入冰糖搅至化开即可。

特别提醒

也可以先把糙米炒过再煮，香味更浓郁。

祛湿排毒

- ✅一日三餐要定点定时，并且不要过饱，八分饱即可。
- ✅多食蔬菜、水果及富含膳食纤维的食物。
- ❌少食甘温滋腻及烧烤、烹炸的食物，如辣椒、牛肉、羊肉、酒、韭菜、生姜、胡椒、花椒等。 ❌少吃高热量、高脂肪、高胆固醇的食物，如甜食、肥肉、动物内脏等。 ❌少食高蛋白、高胆固醇食物，如动物脑、动物肝肾等。

重点推荐食材

薏米
消肿祛湿

红豆
祛湿清热

绿豆
祛湿排毒

燕麦
清肠排毒

葡萄
有效排毒

海带
祛湿排毒

甘薯
排出毒素

红豆薏米豆浆

「滋阴润燥、去痰止咳」

在潮湿多雨的天气里，可以试试这道祛湿豆浆：薏米含有维生素 B_1、多种矿物质，能健脾、清热、利湿；红豆能健脾利湿、消肿解毒。

材料
黄豆 40 克，红豆 20 克，薏米 15 克。

做法
1 黄豆用清水浸泡 10~12 小时，洗净；红豆用清水浸泡 4~6 小时，淘洗干净；薏米淘洗干净，用清水浸泡 2 小时。

2 将上述食材倒入豆浆机中，加水至上、下水位线之间，按下"豆浆"键，煮至豆浆机提示豆浆做好，凉至温热饮用即可。

甘薯花生黑豆浆

消除体内废气，通便排毒

甘薯含有的膳食纤维，有利于消除人体内的废气；豆浆含有的低聚糖非常有利于肠道益生菌的生长，可改善肠内菌群的结构，保持大便通畅，帮助身体排出毒素。

材料

黑豆30克，甘薯50克，花生仁15克，白糖适量。

做法

1 黑豆用清水浸泡10~12小时，洗净；花生仁挑净杂质，洗净；甘薯去皮，洗净，切碎。

2 将上述食材倒入豆浆机中，加水至上、下水位线之间，按下"豆浆"键，煮至豆浆机提示豆浆做好，加白糖搅拌至化开即可。

特别提醒

跌打损伤患者不宜饮用，可能会使瘀血不散，加重瘀肿。

海带豆浆

阻止人体吸收重金属元素

黄豆有解酒毒、增强肝脏解毒功能的作用；海带有助于排出堆积在体内的毒素，阻止人体吸收铅、镉等重金属，还能抑制放射性元素被肠道吸收。

材料

黄豆60克，水发海带30克。

做法

1 黄豆用清水浸泡10~12小时，洗净；海带洗净，切碎。

2 将海带和浸泡好的黄豆一同倒入豆浆机中，加水至上、下水位线之间，按下"豆浆"键，煮至豆浆机提示豆浆做好即可。

特别提醒

这道豆浆不宜与茶水一同饮用，否则会影响海带中铁的吸收。

营养专家教你做：豆浆、五谷米糊一本全

薏米小米汁

利水祛湿

薏米的祛湿效果首屈一指，小米可健脾祛湿，小米与薏米一同打制豆浆，可提供丰富的蛋白质、B族维生素，利水效果更好。

材料

薏米、小米各30克。

做法

1 薏米、小米分别淘洗干净，浸泡2小时。
2 将上述食材倒入豆浆机中，加水至上、下水位线之间，按下"五谷"键，煮至豆浆机提示做好即可。

特别提醒

小米不要清洗太多次，也不要太用力搓洗，以免外层的营养成分流失。

黑豆薏米核桃糊

祛湿

薏米是众所周知的祛湿食材，再搭配黑米、黑豆和核桃仁可以在祛湿的同时增强体质。

材料

黑米、薏米、核桃仁各30克，黑豆20克。

做法

1 黑米、薏米淘洗干净，用清水浸泡2小时；黑豆淘洗干净，用清水浸泡4~6小时。核桃仁清洗干净。
2 将浸泡好的所有食材一同倒入豆浆机中，加水至上、下水位线之间，按下"米糊"键，煮至豆浆机提示米糊做好即可。

特别提醒

薏米以粒大、饱满、色白、完整者为佳。

活血化瘀

- ✅ 饮食宜清淡。
- ✅ 适当进食红糖、海带等甘味食物。
- ❌ 不要吃油炸、油腻、肥厚食物。
- ❌ 不要嗜酒吸烟。

重点推荐食材

油菜
活血化瘀

玫瑰花
活血理气

糯米
活血补虚

金橘
保持血流畅通

桃子
活血消积

莲藕
凉血散瘀

山楂
消散瘀滞

油菜黑豆浆 [活血化瘀]

油菜能活血化瘀、解毒消肿，与蛋白质含量丰富的黄豆、黑豆搭配食用可以改善血瘀体质。

材料
黄豆 50 克，黑豆 25 克，油菜 20 克。

做法
1 黄豆、黑豆用清水浸泡 10~12 小时，洗净；油菜择洗干净，切碎。
2 将上述食材一同倒入豆浆机中，加水至上、下水位线之间，按下"豆浆"键，煮至豆浆机提示豆浆做好即可。

玫瑰花豆浆

疏肝活血

典雅艳丽、香气迷人的玫瑰花，还是一种非常好的活血化瘀的调养品：玫瑰花富含挥发油和多种氨基酸，能舒肝解郁、活血化瘀，适合乳腺增生、跌打损伤患者。

材料

黄豆 50 克，干玫瑰花 5 克，冰糖 10 克。

做法

1 黄豆用清水浸泡 10~12 小时，洗净；玫瑰花洗净浮尘，用热水泡开，泡玫瑰花的水备用。

2 将黄豆和玫瑰花倒入豆浆机中，加浸泡玫瑰花的水至上、下水位线之间，按下"豆浆"键，煮至豆浆机提示豆浆做好，过滤后加冰糖搅拌至化开即可。

特别提醒

干玫瑰花宜挑选花蕾大、瓣厚完整、色紫鲜、不露蕊、香气浓的。

金橘菠菜豆浆

强化血管弹性

金橘含有维生素 P，可维护血管健康，强化血管弹性，使血液流通顺畅，活血化瘀；菠菜可使血液循环更顺畅；豆浆可降低血脂，优化血液循环。

材料

金橘 150 克，菠菜 100 克，豆浆 300 毫升。

做法

1 将金橘洗净，切成两半后去子；菠菜择洗干净，入沸水中焯烫，捞出凉凉后切小段。

2 将金橘、菠菜和豆浆放入榨汁机中搅打即可。

特别提醒

菠菜应选择根部新鲜水灵、叶片深绿有光泽的。

慈姑桃子小米汁

活血消积

这款五谷汁能活血消积，行血通淋，适宜瘀血引起的胃痛及腹痛。

材料

慈姑 30 克，桃子 1 个，小米 60 克。

做法

1 慈姑去皮，洗净，切碎；桃子洗净，去核，切碎；小米淘洗干净，用清水浸泡 2 小时。

2 将上述食材一同倒入豆浆机中，加水至上、下水位线之间，按下"五谷"键，煮好即可。

特别提醒

孕妇不宜饮用此汁。

黑豆糯米糊

活血补虚

此款糯米糊含有丰富的营养物质，可健脾暖胃、滋阴补肾、活血补虚，为温补佳品。

材料

黑豆 60 克，糯米 30 克，冰糖适量。

做法

1 黑豆用清水浸泡 10~12 小时，洗净；糯米淘洗干净，用清水浸泡 2 小时。

2 将 1 中的食材一同倒入豆浆机中，加水至上、下水位线之间，按下"米糊"键，煮至豆浆机提示米糊做好，过滤后加冰糖搅拌至化开即可。

特别提醒

糯米不易消化，一次不要食用过多。

缓解疲劳

◎饮食种类要平衡。要做到饮食多样化，包括对碳水化合物、蛋白质、脂肪这三大能量物质的摄入。　◎适量补充糖分。疲劳的时候尤其注意补充糖分。　◎摄入维生素 C。维生素 C 具有抗疲劳的功效。　◎注意铁的吸收。缺铁会导致贫血，机体容易疲乏，学习工作能力下降。　◎食用乳制品和豆制品。每餐最好至少食用一种乳制品。

重点推荐食材

黄豆
补充蛋白质

黑米
缓解体力

榛子
抗疲劳

牛奶
缓解压力

蜂蜜
缓解疲劳

花生
改善脑疲劳

菠菜
平衡身体酸碱度

花生腰果豆浆

「缓解身体疲劳，改善脑疲劳」

腰果维生素 B_1 的含量仅次于芝麻和花生，有补充体力、缓解疲劳的效果，适合易疲倦的人食用。花生仁含有特殊的健脑物质，如卵磷脂、胆碱等，能改善脑疲劳。

材料
黄豆 60 克，花生仁、腰果各 20 克。

做法
1 黄豆用清水浸泡 10~12 小时，洗净；花生仁洗净；腰果碾碎。
2 将上述食材一同倒入豆浆机中，加水至上、下水位线之间，按下"豆浆"键，煮至豆浆机提示做好即可。

紫米红枣汁

增强大脑的敏锐度

紫米可提高大脑活力和学习能力；红枣富含叶酸，可增强记忆力，非常适合脑力衰退的人食用。

材料

紫米 60 克 ，红枣 15 克。

做法

1 紫米淘洗干净，用清水浸泡 2 小时；红枣洗净，去核，切碎。

2 将上述食材倒入豆浆机中，加水至上、下水位线之间，按下"五谷"键，煮至豆浆机提示做好即可。

特别提醒

纯正的紫米米粒细长，色泽呈紫白色，且米粒内部也是紫白色。

牛奶黑米糊

辅助治疗腰膝酸软、四肢乏力

黑米富含 B 族维生素，牛奶富含钙质，二者组合在一起，有缓解体力、健脾暖胃、滋阴补肾的作用。

材料

黑米 100 克，牛奶 150 毫升，白糖适量。

做法

1 将黑米洗净，浸泡 6 小时。

2 将黑米放入豆浆机中，加水至上、下水位线之间，按下"米糊"键，待豆浆机提示米糊打好后，倒入杯中，加入白糖和牛奶搅匀即可。

特别提醒

这款米糊也适合产后、病后等气血亏虚、津液不足者服用。若气血亏虚可在该米糊中加入几枚红枣，效果更佳。

杏仁榛子豆浆

对恢复体能有益

这道豆浆富含蛋白质、B族维生素、维生素E、钙和铁等，对恢复体能有益，能起到抗疲劳的功效。

材料

黄豆60克，杏仁、榛子仁各15克。

做法

1 黄豆用清水浸泡10~12小时，洗净；杏仁、榛子仁碾碎。

2 将上述食材一同倒入豆浆机中，加水至上、下水位线之间，按下"豆浆"键，煮至豆浆机提示做好即可。

特别提醒

可能对杏仁或榛子过敏者不宜饮用。

菠萝香橙豆浆饮

中和体内酸性物质

橙子和菠萝含有丰富的维生素和矿物质，豆浆中富含钙，这款饮品能缓解疲劳，中和体内引发疲劳的酸性物质。

材料

橙子、菠萝(去皮)各100克，豆浆300毫升。

做法

1 将橙子去皮，切小块；菠萝放淡盐水中浸泡约15分钟，然后捞出冲洗一下，切小块。

2 将上述材料和豆浆加入榨汁机中搅打均匀即可。

特别提醒

菠萝不宜放入冰箱冷藏，否则会影响口味。

食欲不振

☑饮食尽量多样化，避免单调重复，以激发食欲。 ☑食用开胃食物，比如山楂、话梅、陈皮等。 ☑适当多吃富含B族维生素的食物，如各种豆类、肉类、奶制品等，以促进消化。 ☑食物要易于消化吸收，过冷、过硬、粗糙的食物会损害肠胃功能。 ☑适当吃点醋等调味品可增强食欲。
❌少吃不利于消化的油炸类食物。 ❌少吃甜食，如糖果、糕点等，这些食物食后人不易产生饥饿感。

重点推荐食材

糯米
改善食欲不佳症

小米
健脾胃

蚕豆
健脾、促食欲

山药
健脾胃

山楂
开胃消食

菠萝
促进食物的消化

蚕豆黑豆浆

[增强食欲、补充营养]

黑豆、蚕豆可为人体提供丰富的蛋白质、膳食纤维以及B族维生素，增强食欲、补充营养。

材料
黑豆40克，鲜蚕豆50克，冰糖10克。

做法
1 黑豆用清水浸泡8~12小时，洗净；鲜蚕豆洗净。
2 将上述食材倒入全自动豆浆机中，加水至上、下水位线之间，按下"豆浆"键，煮至豆浆机提示豆浆做好，加冰糖搅拌至化开即可。

营养专家教你做：豆浆、五谷米糊一本全

山药大米汁 [改善脾胃，增强食欲]

山药有健脾胃的作用，大米能补养五脏，二者打汁可以改善因脾胃功能不佳而引起的食欲不振症状。

特别提醒

在削山药皮之前，戴上手套或套上保鲜袋，可以避免触碰黏液而引起的手痒。

材料

山药、大米各 50 克，冰糖适量。

做法

1 大米洗净，浸泡 2 小时；山药去皮，洗净，切小块。

2 将 1 中的食材一同倒入豆浆机中，加水至上、下水位线之间，按下"五谷"键，煮至豆浆机提示做好，加冰糖搅拌至化开即可。

健忘

✅定时吃早餐，保证脑血糖供给。 ✅进食富含卵磷脂的食物，可以增强记忆力，比如花生、鸡蛋、黄豆等。 ✅进食一些富含不饱和脂肪酸的食物，以延缓脑力衰退，比如芝麻、核桃、腰果、葵花子等。 ✅适量多吃瘦肉、鱼虾、牛奶、豆类等含优质蛋白质的食物和蔬菜、水果，促进脑代谢。
❌少吃油炸油腻食物。

重点推荐食材

黄豆
提高脑力

黑豆
健脑

玉米
提高智力

核桃
防止脑力衰退

芝麻
补充脑力

花生
改善记忆

葡萄
防止大脑老化

健脑豆浆

「增强记忆力」

这是一款能大大提高脑力的豆浆，黑芝麻和核桃富含维生素E、不饱和脂肪酸，能改善脑循环，增强专注力和记忆力。

材料
核桃仁10克，黄豆55克，熟黑芝麻5克，冰糖10克。

做法
1. 黄豆用清水浸泡8~12小时，洗净；小米淘洗干净，用清水浸泡2小时；黑芝麻碾碎；核桃仁切小块。
2. 将上述食材倒入全自动豆浆机中，加水至上、下水位线之间，按下"豆浆"键，煮至豆浆机提示豆浆做好，加冰糖搅拌至化开即可。

核桃腰果米糊 [提高脑力]

核桃和腰果富含维生素 E 和不饱和脂肪酸，可抗老化，防止脑力衰退；大米和小米所提供的碳水化合物是维持脑力活动的重要来源，常喝这道豆浆有助于改善健忘症状。

特别提醒

腰果要选择色泽白、形状饱满、气味香、无斑点的，如果黏手或者受潮，说明不够新鲜，会影响米糊的香味和营养。

材料

大米、小米各 30 克，核桃仁、腰果各 15 克，冰糖适量。

做法

1 大米、小米分别淘洗干净，用清水浸泡 2 小时；核桃仁、腰果掰碎。

2 将 1 中的食材倒入豆浆机中，加水至上、下水位线之间，按下"米糊"键，煮至豆浆机提示米糊做好，加入冰糖搅至化开即可。

去火

☑多吃豆类和粗粮。 ☑多喝粥、果汁，可清热降火。 ☑常吃水果和蔬菜，可利尿去火。
❌少吃辛辣和过于油腻的食物。 ❌少吃荔枝、榴莲、龙眼等热性水果。 ❌少饮酒。

重点推荐食材

薏米
清胃火

大麦
利湿泻火

绿豆
清胃火
去肠热

荸荠
清热解毒

苦瓜
消炎清热

蒲公英
清热去火

生菜
缓解烦躁

绿豆苦瓜豆浆

清胃火、除肠热，缓解便秘和口腔溃疡

这是一款去火效果不错的豆浆。苦瓜含有特殊的具有消炎清热作用的奎宁成分，能缓解便秘、口腔溃疡等上火症状；绿豆富含 B 族维生素，有很好的清胃火、去肠热效果。

材料
黄豆 50 克，绿豆 15 克，苦瓜 60 克，冰糖 10 克。

做法
1 黄豆用清水浸泡 10~12 小时，洗净；绿豆用清水浸泡 2 小时，淘洗干净；苦瓜洗净，去蒂除子，切丁。
2 将 1 中的食材倒入豆浆机中，加水至上、下水位线之间，按下"豆浆"键，煮至豆浆机提示豆浆做好，加冰糖搅拌至化开即可。

荸荠莲藕绿豆豆浆 清热去火、润肺止咳

荸荠有"地下雪梨"之称，它富含水分、膳食纤维和 B 族维生素，能润肠通便、清热解毒，改善内脏有火引起的咳嗽、咽喉肿痛等症状；莲藕可以清热去火、润肺止咳。

特别提醒
消化力弱、脾胃虚寒的人不宜饮用此豆浆。

材料
绿豆、莲藕、荸荠各 40 克，冰糖 10 克。

做法
1 绿豆用清水浸泡 4~6 小时，洗净；莲藕、荸荠分别洗净，去皮，切丁。
2 将 1 中的食材倒入豆浆机中，加水至上、下水位线之间，按下"豆浆"键，煮至豆浆机提示豆浆做好，过滤后加冰糖搅拌至化开即可。

蒲公英小米汁

清热、消肿、止烦渴

蒲公英能清热解毒、散结消肿。咽喉肿痛、扁桃体发炎时用些蒲公英，能去火、消肿、止痛。小米性凉，具有除热的功效，能辅助调养脾胃虚热、烦渴。

材料

小米、蒲公英各 40 克，蜂蜜 10 克。

做法

1 小米淘洗干净，用清水浸泡 2 小时；蒲公英煎汁备用。

2 将小米倒入豆浆机中，淋入蒲公英煎汁，再加适量水至上、下水位线之间，按下"五谷"键，煮至豆浆机提示做好，过滤后凉至温热，加蜂蜜调味后饮用即可。

特别提醒
脾胃功能不好的人应忌食蒲公英。

红豆薏米糊

清热排毒、降火消肿

此款米糊可清热降火、排毒解毒、消肿止痒、滋润肌肤，适合女性食用。

材料

薏米 60 克，红豆 30 克。

做法

1 红豆淘洗干净，用清水浸泡 4~6 小时；薏米淘洗干净，用清水浸泡 2 小时。

2 将所有食材倒入豆浆机中，加水至上、下水位线之间，按下"米糊"键，煮至豆浆机提示米糊做好即可。

特别提醒
薏米性凉，脾虚者宜把薏米炒一下再食用，能去薏米的凉性，健脾效果更好。

抗过敏

✓饮食宜清淡。

✗忌食刺激性食物。　✗不饮酒。　✗忌食发物和易致过敏的食物，如海鲜等。

重点推荐食材

胡萝卜
防止过敏

油菜
改善过敏症状

红枣
抗过敏

柠檬
减轻过敏症状

胡萝卜蜂蜜枣豆浆

「预防花粉过敏、过敏性皮炎」

胡萝卜、红枣、蜂蜜是 3 个抗过敏高手：胡萝卜中的 β-胡萝卜素能预防花粉过敏、过敏性皮炎；红枣中富含抗过敏物质——环磷酸腺苷，可阻止过敏反应的发生；蜂蜜能对抗花粉过敏。

材料

黄豆 50 克，胡萝卜 50 克，红枣 10 克，蜂蜜适量。

做法

1 黄豆用清水浸泡 10～12 小时，洗净；胡萝卜洗净，切丁；红枣洗净，去核，切碎。

2 将 1 中的食材一同倒入豆浆机中，加水至上、下水位线之间，按下"豆浆"键，煮至豆浆机提示豆浆做好，过滤后凉至温热，加蜂蜜搅拌均匀即可。

防辐射

☑经常饮绿茶，可以帮助抵御电磁辐射。　☑多吃富含蛋白质的食物，提高人体对辐射的耐受力。　☑经常吃些海带、紫菜、裙带菜等藻类，藻类食物可减轻射线对人体免疫功能的损害，并抑制免疫细胞的凋亡。

重点推荐食材

绿豆
抵抗各种辐射

黑芝麻
抗氧化、抗辐射

绿茶
减轻辐射伤害

海带
抵抗辐射

木瓜
减轻电磁辐射对人体的损伤

薏米
抗癌、延缓衰老

油菜
缓解电脑辐射

茉莉绿茶豆浆

「提高人体的抗辐射能力」

这款浸润了茶香和茉莉花香味的豆浆，香味怡人。绿茶富含的茶多酚，能提高人体的抗辐射能力，减轻各种辐射对人体的不良影响。

材料
黄豆80克，绿茶、干茉莉花各5克。

做法
1 黄豆用清水浸泡10~12小时，洗净；绿茶倒入大杯中，沏成茶水；茉莉花用水泡开，泡茉莉花的水备用。
2 将所有材料倒入豆浆机中，加茶水和浸泡茉莉花的水至上、下水位线之间，按下"豆浆"键，煮至豆浆机提示豆浆做好。

花粉海带豆浆

对抗磁辐射，减少免疫功能损伤

经常对着电脑工作的朋友可以常喝这款抗辐射豆浆：油菜花粉富含黄酮类物质，有较好的抗辐射保健作用；海带富含胶质，对辐射引起的免疫功能损伤可起到保护作用。

材料

黄豆80克，油菜花粉15克，水发海带10克，冰糖适量。

做法

1 黄豆用清水浸泡10~12小时，洗净；水发海带洗净，切碎。

2 将1中的食材一同倒入豆浆机中，加水至上、下水位线之间，按下"豆浆"键，煮至豆浆机提示豆浆做好，过滤后加冰糖搅拌至化开，凉至温热加花粉搅拌均匀即可。

特别提醒

在豆浆中加入花粉时宜一点点地少量加入，这样易于搅拌均匀且没有花粉颗粒。

花粉木瓜薏米汁

对抗辐射的不利影响

花粉有较好的抗辐射保健作用。木瓜能减轻电磁辐射对人体产生的细微影响，避免神经系统功能发生紊乱。

材料

薏米40克，木瓜50克，油菜花粉20克。

做法

1 薏米淘洗干净，用清水浸泡2小时；木瓜去皮、除子，洗净，切小丁。

2 将1中的材料一同倒入豆浆机中，加入水至上、下水位线之间，按下"五谷"键，煮至豆浆机提示做好，过滤后凉至温热，加油菜花粉搅拌至没有颗粒后饮用即可。

特别提醒

油菜花粉不宜在豆浆滚烫时加入，否则高温会破坏花粉的营养。

玉米绿豆糊 [利尿消肿、预防心血管疾病]

玉米对高血压、动脉粥样硬化等心血管疾病有很好的预防作用，绿豆可利尿、消肿，对肾炎、糖尿病有辅助治疗作用。

特别提醒

干玉米粒可以泡软后再煮，但味道不如鲜玉米清甜。

材料

大米30克，鲜玉米粒50克，绿豆25克。

做法

1 大米淘洗干净，浸泡2小时；绿豆淘洗干净，用清水浸泡4～6小时；鲜玉米粒洗净。

2 将全部食材倒入豆浆机中，加水至上、下水位线之间，按下"米糊"键，煮至豆浆机提示米糊做好即可。

Part

7

对抗疾病：
调理身体好状态

高血压

✓合理摄入蛋白质，尤其是豆类、谷类等植物蛋白。 ✓多进食富含膳食纤维、钾、钙、维生素的食物。 ✓控制总热量摄入。

✗减少脂肪和胆固醇的摄入，尤其要尽量少吃动物脂肪和动物内脏。 ✗减少食盐的摄入量，每人每日食盐摄入量应少于 5 克。 ✗不宜吃过咸的食物及腌制品、豆腐乳等。

重点推荐食材

黄豆
降低血压

燕麦
降低胆固醇

糙米
平稳血压

芹菜
促进钠盐排出

南瓜
保护血管

玉米
保持血管弹性、降压

芹菜豆浆

排出体内多余的钠盐，辅助降压

芹菜是很多高血压患者青睐的蔬菜，因为芹菜中的钾和膳食纤维可以排出体内多余的钠盐，辅助降低血压。

材料
黄豆 80 克，西芹 50 克，冰糖 10 克。

做法

1 黄豆淘洗干净，用清水浸泡 8~12 小时；西芹择洗干净，切小段。

2 将 1 中的食材倒入豆浆机中，加水至上、下水位线之间，按下"豆浆"键，煮至豆浆机提示豆浆做好，过滤后加冰糖搅拌至化开即可。

芦笋山药豆浆

扩张末梢血管，降低血压

芦笋富含天冬氨酸等成分，可扩张末梢血管，降低血压；山药中的膳食纤维可促进钠的排泄，预防高血压并发冠心病。

材料

黄豆80克，山药、芦笋各50克，冰糖10克。

做法

1 黄豆用清水浸泡10~12小时，洗净；芦笋择洗干净，切小块；山药去皮，洗净，切小块。

2 将1中的食材倒入豆浆机中，加水至上、下水位线之间，按下"豆浆"键，煮至豆浆机提示豆浆做好，过滤后加冰糖搅拌至化开即可。

特别提醒

把山药切碎食用比将其切成片食用，更容易吸收其中的营养物质。

紫菜燕麦花生豆浆

扩张血管

燕麦富含的膳食纤维可吸附体内多余的钠；花生富含不饱和脂肪酸，可扩张血管，降低动脉压；紫菜中的褐藻胶可改善血管狭窄。

材料

黄豆50克，燕麦20克，花生仁10克，干紫菜5克。

做法

1 黄豆用清水浸泡10~12小时，洗净；燕麦片淘洗干净；花生仁挑净杂质，洗净；干紫菜洗净，撕碎。

2 将上述食材倒入豆浆机中，加水至上、下水位线之间，按下"豆浆"键，煮至豆浆机提示豆浆做好，过滤即可。

特别提醒

不宜选择褪色、发红、霉变的紫菜。

南瓜糙米汁

加速钠的代谢

糙米中的氨基酸和镁，可加速钠的代谢；南瓜富含钾、膳食纤维，可降低血压，还能预防便秘，特别适合老年高血压患者。

材料

南瓜 50 克，糙米 60 克。

做法

1 南瓜去皮除子，洗净，切丁；糙米淘洗干净，用清水浸泡 2 小时。

2 将上述食材倒入豆浆机中，加水至上、下水位线之间，按下"五谷"键，煮至豆浆机提示做好即可。

特别提醒

南瓜去皮时，去薄一些即可，因为靠近皮的部分营养十分丰富，丢弃了可惜。

玉米燕麦糊

降糖降压

此款玉米燕麦糊富含膳食纤维，有降低血糖、血压，减肥及美肤等功效，可预防糖尿病、高血压、动脉粥样硬化等心血管疾病。

材料

燕麦片 50 克，鲜玉米粒 100 克。

做法

1 鲜玉米粒洗净。

2 将燕麦片、鲜玉米粒倒入豆浆机中，加水至上、下水位线之间，按下"米糊"键，煮至豆浆机提示米糊做好即可。

特别提醒

燕麦一次不宜吃得过多，否则易造成胃痉挛或者腹部胀气。

糖尿病

✅控制总热能是糖尿病饮食治疗的首要原则。 ✅摄入充足的膳食纤维，以每天 20～35 克为宜。 ✅适当补充优质蛋白质。

❌应限制含饱和脂肪酸的脂肪（如牛油、羊油、猪油、奶油等）的摄入量。 ❌应适当控制胆固醇含量高的食物。

重点推荐食材

黑豆
促进胰岛素分泌

糙米
降低葡萄糖
的吸收速度

燕麦
改善糖耐量

玉米
降压降糖

银耳
增强胰岛素
降糖活性

苦瓜
植物胰岛素

荞麦
辅助降糖

银耳黑豆浆

减少糖类吸收，控制餐后血糖的上升速度

银耳口感顺滑，富含银耳多糖、可溶性膳食纤维等成分， 加上黑豆中的铬， 可减少机体对糖类的吸收，控制餐后血糖的上升速度，帮助控制血糖。

材料
黑豆 70 克，泡发银耳 30 克。

做法

1 黑豆用清水浸泡 10～12 小时，洗净；银耳洗净，撕碎。

2 将上述食材一同倒入豆浆机中，加水至上、下水位线之间，按下"豆浆"键，煮至豆浆机提示豆浆做好，过滤即可。

苦瓜豆浆

增强糖尿病患者的体质

此豆浆可以减轻胰岛 β - 细胞的负担，有利于胰岛 β - 细胞功能的恢复。

材料

黄豆 60 克，苦瓜 80 克。

做法

1 黄豆用清水浸泡 10~12 小时，洗净；苦瓜去皮，去子，切小块。
2 将上述食材倒入豆浆机中，加水至上、下水位线之间，按下"豆浆"键，煮至豆浆机提示豆浆做好，过滤即可。

特别提醒

高血压患者也可饮用。

芹菜绿豆豆浆

控制空腹和餐后血糖

绿豆含有低聚糖成分，可降低糖尿病患者的空腹血糖、餐后血糖；芹菜含有膳食纤维，可促使血糖下降。

材料

绿豆 60 克，芹菜 50 克。

做法

1 绿豆淘洗干净，用清水浸泡 4~6 小时；芹菜择洗净，切小段。
2 将上述食材倒入豆浆机中，加水至上、下水位线之间，按下"豆浆"键，煮至豆浆机提示豆浆做好，过滤即可。

特别提醒

芹菜叶营养丰富，建议食用时保留。

荞麦小米豆浆 [维持正常糖代谢]

小米中的维生素 B_1 能维持正常的糖代谢，预防因高血糖所致的肾细胞代谢紊乱，避免并发微血管病变和肾病；荞麦富含铬、膳食纤维、芦丁等成分，不仅可以辅助降糖，还对预防糖尿病并发高血压、冠心病、动脉粥样硬化有很大的好处。

特别提醒

小米中的维生素 B_1 是水溶性维生素，极易溶于水中，所以在淘洗小米时，次数不要过多，以免营养流失。

材料

黄豆 60 克，小米、荞麦各 40 克。

做法

1 荞麦、小米分别淘洗干净，用清水浸泡 2 小时。黄豆洗净，用水浸泡 8~10 小时。
2 将上述材料倒入豆浆机中，加水至上、下水位线之间，按下"豆浆"键，煮至豆浆机提示做好过滤即可。

血脂异常

- ☑供给充足的蛋白质，且植物蛋白质的摄入量要在 50% 以上。 ☑每天最好喝 1800 毫升的水。 ☑提倡高纤维饮食，而燕麦是首选食物，每日可食用 60～70 克，还有粗杂粮、干豆类、海带、新鲜的蔬菜、水果等。
- ✗减少动物性脂肪的摄入，如肥猪肉、黄油、肥羊、肥牛、肥鸭、肥鹅等。 ✗限制胆固醇的摄入量，而且要忌食动物内脏、蛋黄、鱼子、鱿鱼等食物。

重点推荐食材

黄豆
降低胆固醇

绿豆
抑制胆固醇
的吸收

燕麦
加速胆固醇
的代谢

玉米
降低胆固醇

枸杞子
降低胆固醇

山楂
促进胆固醇
排泄

胡萝卜
防止胆固醇沉积

山楂枸杞豆浆

「改善和促进胆固醇的排泄」

山楂富含维生素 C，能够扩张血管，改善和促进胆固醇的排泄；枸杞子可降低血液中的胆固醇，防止动脉粥样硬化；冰糖可以缓解山楂的酸涩味道。

材料

黄豆 60 克，鲜山楂 20 克，枸杞子 15 克，冰糖 10 克。

做法

1 黄豆用清水浸泡 10～12 小时，洗净；鲜山楂洗净，去蒂除子，切碎；枸杞子洗净。

2 将 1 中的食材倒入豆浆机中，加水至上、下水位线之间，按下"豆浆"键，煮至豆浆机提示豆浆做好，加冰糖搅拌至化开即可。

葡萄花生红豆豆浆 「降低胆固醇」

葡萄皮中的白藜芦醇和黄酮类物质，花生中的胆碱、卵磷脂，可降低血液中胆固醇含量，提高高密度脂蛋白水平。

特别提醒

"吃葡萄不吐葡萄皮"是有道理的，因为葡萄的很多营养成分储存在表皮中，若是单吃果肉，会失去很多的营养素，妨碍营养成分的完整摄取。

材料

红豆60克，葡萄25克，花生仁20克。

做法

1. 红豆淘洗干净，用清水浸泡6~8小时；花生仁挑净杂质，洗净；葡萄洗净。
2. 将上述食材倒入豆浆机中，加水至上、下水位线之间，按下"豆浆"键，煮至豆浆机提示豆浆做好，过滤后倒入杯中即可。

小米薏米汁

降低血中胆固醇和甘油三酯水平

豆类与谷类搭配可以为人体提供丰富的蛋白质，而且薏米中的水溶性膳食纤维，可降低血中胆固醇和甘油三酯水平。

材料

薏米、小米各50克。

做法

1 薏米、小米分别洗净，用清水浸泡2小时。

2 将上述食材倒入豆浆机中，加水至上、下水位线之间，按下"五谷"键，煮至豆浆机提示做好即可。

特别提醒

薏米有利尿的作用，尿频者不宜多食。

糙米荞麦米糊

促进胆固醇排泄

此款米糊可补益中气，健脾益胃，促进血液循环和胆固醇的代谢。

材料

糙米60克，熟花生仁10克，荞麦20克，红糖适量。

做法

1 糙米、荞麦分别淘洗干净，用清水浸泡2小时。

2 将糙米、荞麦、熟花生仁倒入豆浆机中，加水至上、下水位线之间，按下"米糊"键，煮至豆浆机提示米糊做好，加入红糖搅至化开即可。

特别提醒

荞麦口感较粗糙，最好不要单独食用，与其他米类搭配，可缓解粗糙的口感。

感冒

✅饮食宜清淡，宜少盐少糖，应多喝开水、清淡的菜汤及新鲜的果汁。　✅饮食宜少量多餐，不要一次吃得过饱。
❌忌吃一切滋补、油腻、酸涩的食物。

重点推荐食材

黄豆
提高抵抗力

玉米
提高抗病毒能力

绿豆
清热解毒
补充营养

黑米
增强人体
抗病能力

杏仁
缓解咽喉痛

花生
增强抵抗力

柠檬
防治感冒

牛奶花生豆浆 [降低感冒风险]

牛奶、黄豆、花生中都含有丰富的蛋白质，可以增强人体抵抗力，从而降低感冒风险。

材料

黄豆60克，花生仁20克，牛奶250毫升，白糖15克。

做法

1 黄豆用清水浸泡10~12小时，洗净；花生仁挑净杂质，洗净。

2 把花生仁、黄豆一同倒入豆浆机中，加水至上、下水位线之间，按下"豆浆"键，煮至豆浆机提示做好，加白糖调味，待豆浆凉至温热，倒入牛奶即可。

小麦核桃红枣豆浆 降低感冒风险

小麦可以为人体提供充足的能量，核桃和红枣可以补充脂肪和维生素，三者搭配可以提高人体免疫力，降低感冒风险。

特别提醒

核桃放进蒸锅大火蒸 5 分钟后取出，迅速浸入凉水中，不但易于取出完整的核桃仁，而且核桃仁表面那层褐色薄皮没有了苦涩味，核桃仁的味道更香。

核料

黄豆 50 克，小麦仁 20 克，核桃 2 个，红枣 4 枚。

做法

1 黄豆用清水浸泡 10~12 小时，洗净；小麦仁淘洗干净，用清水浸泡 2 小时；核桃去皮，取核桃仁碾碎；红枣洗净，去核，切碎。

2 将上述食材一同倒入豆浆机中，加水至上、下水位线之间，按下"豆浆"键，煮至豆浆机提示豆浆做好即可。

柠檬红豆薏米汁

柠檬含有丰富的维生素C，既可以预防感冒，又可以补充感冒时因进食少而流失的维生素；搭配安神的红豆和消除水肿的薏米，可以有效缓解感冒症状。

材料

薏米60克，红豆、蜜炼陈皮、蜜炼柠檬片各10克，冰糖10克。

做法

1 红豆淘洗干净，用清水浸泡4~6小时；薏米淘洗干净，用清水浸泡2小时；陈皮、柠檬片均切碎。

2 将1中的所有食材倒入豆浆机中，加水至上、下水位线之间，按下"五谷"键，煮至豆浆机提示做好，过滤后加冰糖搅拌至化开即可。

特别提醒

如果不喜欢陈皮和柠檬片的味道，可以适量多加些冰糖调和一下口味。

杏仁米糊

预防感冒、减轻感冒症状

大米可益气、通血脉、补脾；杏仁可散风、降气、润燥，有效缓解感冒初起时的嗓子干、咽喉痛、头晕等症状。二者同食可预防感冒、减轻感冒症状。

材料

大米、熟杏仁各30克，冰糖适量。

做法

1 大米淘洗干净，用清水浸泡2小时。

2 将大米、熟杏仁倒入豆浆机中，加水至上、下水位线之间，按下"米糊"键，煮至豆浆机提示米糊做好，加入冰糖搅拌至化开即可。

特别提醒

此款米糊还有美白祛斑的美容效果。

咳嗽

✅ 可食用新鲜蔬菜和水果，对于消除炎症很有好处，如白菜、白萝卜、梨等。　✅ 一些肉类也有很好的祛咳效果，如鱼肉、牛肉等。

❌ 不要吃刺激性较强的食物，如辣椒、茴香、芥末及各种油腻食物等。

重点推荐食材

黑米
缓解哮喘症状

黄豆
增强抵抗力

百合
润燥清热

冰糖
化痰止咳

杨桃
生津化痰

荸荠
润肺止咳

白果
缓解咳嗽

百合红豆豆浆 [缓解肺热咳嗽]

百合富含黏液质，具有润燥清热作用，能够缓解肺燥或肺热咳嗽。红豆含有较多的皂角苷，具有良好的利尿作用，能解酒、解毒、消肿。二者搭配清热利尿，缓解肺热或肺燥引起的咳嗽。

材料
红豆 60 克，鲜百合 20 克。

做法

1 红豆淘洗干净，用清水浸泡 4~6 小时；鲜百合择洗干净，分瓣。

2 将红豆和鲜百合倒入豆浆机中，加水至上、下水位线之间，按下"豆浆"键，煮至豆浆机提示做好即可。

白果黄豆豆浆

改善干咳无痰、咳痰带血

白果可补肺益肾、敛肺气，对干咳无痰、咳痰带血有较好的食疗作用。冰糖止咳平喘，适用于肺燥咳嗽等症。此米糊可以止咳、润肺，改善干咳等症状。

材料

黄豆 70 克，白果 15 克，冰糖 20 克。

做法

1 黄豆用清水浸泡 10~12 小时，洗净；白果去外壳。

2 把白果和浸泡好的黄豆一同倒入豆浆机中，加水至上、下水位线之间，按下"豆浆"键，煮至豆浆机提示做好，加冰糖搅拌至化开饮用即可。

特别提醒

白果有小毒，多食会使人腹胀，最好熟食，成年人每天不超过 20 颗为宜。

黑米核桃糊

止咳平喘、润肺养神

此款米糊可补益中气、增强体质、润肺止咳，缓解气短等哮喘症状。

材料

黑米 60 克，核桃仁、大米各 25 克。

做法

1 黑米、大米淘洗干净，用清水浸泡 2 小时；核桃仁切碎。

2 将全部食材倒入豆浆机中，加水至上、下水位线之间，按下"米糊"键，煮至豆浆机提示米糊做好即可。

特别提醒

核桃仁所含的脂肪虽然是有利于清除胆固醇的不饱和脂肪酸，但核桃本身具有很高的热量，所以每天要适量食用。

便秘

◎多饮水，使肠道保持足够的水分，以利于粪便排出。 ◎多吃含膳食纤维较多的食物。 ◎适量吃一些含油脂多的食物，如芝麻、核桃仁、杏仁等。

✕忌吃辛辣、温热、刺激性的食物，如辣椒、咖啡、酒、浓茶等。 ✕不宜吃太多含有蛋白质的食物，如猪肉、牛肉、羊肉、鸭肉等。

重点推荐食材

 燕麦
促进排便

 糙米
促进消化

 糯米
预防便秘

 核桃
润肠通便

 甘薯
缓解便秘

 香蕉
润肠通便

 牛奶
促进消化

苹果豆浆 [预防便秘]

这款豆浆含有丰富的膳食纤维，能够预防便秘，促进体内毒素排出，还有降低胆固醇的作用。

材料
黄豆、苹果各 50 克。

做法
1 黄豆用清水浸泡 10~12 小时，洗净；苹果洗净，去皮，除籽，切小块。
2 将黄豆、苹果块倒入豆浆机中，加水至上、下水位线之间，煮至豆浆机提示做好即可。

紫薯燕麦汁

促进肠胃蠕动、通便

燕麦片富含膳食纤维，可使排便顺畅，还可降血脂、血压、血糖。紫薯富含膳食纤维和花青素，可促进肠道排便，提高免疫力。

材料

燕麦片、紫薯各 40 克，冰糖适量。

做法

1 紫薯洗净，去皮，切丁；燕麦片洗净。

2 将 1 中的食材倒入豆浆机中，加水至上、下水位线之间，按下"五谷"键，煮至豆浆机提示做好，过滤后加冰糖搅拌至化开即可。

特别提醒

避免长时间高温烹煮燕麦，以防维生素被破坏。

红豆燕麦小米糊

健脾祛湿、消除水肿

此款米糊有健脾祛湿、补益气血及缓解水肿等功效，特别适合妊娠水肿患者食用。

材料

红豆 20 克，燕麦片、小米各 30 克，熟黑芝麻 10 克，冰糖适量。

做法

1 红豆淘洗干净，用清水浸泡 4~6 小时；小米淘洗干净，浸泡 2 小时；燕麦片洗净。

2 将红豆、燕麦片、黑芝麻、小米倒入豆浆机中，加水至上、下水位线之间，按下"米糊"键，煮至豆浆机提示米糊做好，加入冰糖搅拌至化开即可。

特别提醒

肠胃不适者可适当多进食此款米糊，能通气、生津，促进肠胃蠕动。

Part7 对抗疾病·调理身体好状态

湿疹

- ✅增加摄入富含维生素 C 的食物，可以减少渗出性反应。
- ❌少吃可能引起过敏反应的食物，如螃蟹、鱼虾、鸡蛋等。
- ❌忌吃辛辣、温热、刺激性的食物，如辣椒、咖啡、酒、浓茶等。

重点推荐食材

绿豆
祛湿清热

苦瓜
祛湿止痒

薏米
健脾利湿

红枣
调理脾气

绿豆苦瓜豆浆

「祛湿止痒，缓解湿疹症状」

绿豆有清热祛湿的功效，能缓解湿疹的发热、疹红水多等症状。苦瓜中含有奎宁，能清热解毒、祛湿止痒，有助于预防和治疗湿疹。

材料

绿豆、苦瓜各 50 克，冰糖 10 克。

做法

1 绿豆淘洗干净，用清水浸泡 4~6 小时；苦瓜洗净，去蒂，除子，切小丁。

2 将绿豆和苦瓜丁倒入豆浆机中，加水至上、下水位线之间，按下"豆浆"键，煮至豆浆机提示做好，过滤后加冰糖搅拌至化开即可。

红枣薏米汁

促进体内湿气排出

薏米是健脾利湿的常用药材，红枣能健脾益气，两者合用，能增强脾脏功能，促进体内湿气排出。

材料

薏米 60 克，红枣 25 克，冰糖 10 克。

做法

1. 薏米淘洗干净，用清水浸泡 2 小时；红枣洗净，去核，切碎。
2. 将薏米、红枣碎倒入豆浆机中，加水至上、下水位线之间，按下"五谷"键，煮至豆浆机提示做好，过滤后加冰糖搅拌至化开即可。

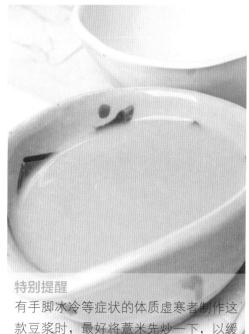

特别提醒

有手脚冰冷等症状的体质虚寒者制作这款豆浆时，最好将薏米先炒一下，以缓解其寒凉之性。

薏米芝麻双仁米糊

润肠通便，健脾利湿

薏米可清火养颜、利尿消肿，黑芝麻可乌发亮发、补益肝肾，二者搭配打制豆浆有养颜抗衰、调理脏腑的功效。

材料

大米、薏米各 30 克，熟核桃仁、熟黑芝麻、熟杏仁各 10 克，蜂蜜适量。

做法

1. 大米、薏米洗净，用清水浸泡 2 小时。
2. 将所有食材（除蜂蜜外）倒入豆浆机中，加水至上、下水位线之间，按下"米糊"键，煮至豆浆机提示米糊做好，凉至温热，加入蜂蜜搅匀即可。

特别提醒

核桃仁、黑芝麻和杏仁也可用生品，但不如事先炒过的味道香浓。

癌症

☑吃新鲜、均衡且有变化的饮食，可确保人体所需的每一种营养素不容易缺乏。 ☑常吃新鲜的蔬菜和水果。蔬果中含有天然的抗氧化因子，是对抗自由基、减少癌细胞产生的好帮手。 ☑适量多吃些富含膳食纤维的食物。 ❌减少含高脂肪食物的摄取。 ❌避免经常进食腌制、烟熏和烧烤的食物。

重点推荐食材

橙子
抗氧化

甘薯
抑制乳腺癌
和结肠癌

黄豆
促进致癌
因子排出

南瓜子
预防前列腺癌

蓝莓
清除自由基

苹果
预防癌症

玉米
使致癌物质
失去活性

香橙豆浆

「减少口腔癌、食管癌、胃癌的发病率」

橙子富含具有抗氧化作用的维生素 C，常吃橙子可减少口腔癌、食管癌和胃癌的发生。

材料
黄豆 80 克，橙子 1 个。

做法
1 黄豆用清水浸泡 10~12 小时，洗净；橙子洗净，取果肉切小块，放到榨汁机中搅打成橙子汁，取 1/4 橙子皮切碎。
2 将黄豆和橙子皮倒入豆浆机中，加水至上、下水位线之间，按下"豆浆"键，煮至豆浆机提示豆浆做好，过滤后凉至温热，淋入橙子汁搅拌均匀即可。

蓝莓牛奶豆浆

牛奶含有的抗癌因子乳铁蛋白具有抗菌、抗病毒的作用，能阻止肠癌细胞扩散，减少肠癌的发生；蓝莓富含的黄酮类化合物有清除自由基的功效。

材料

黄豆 60 克，蓝莓 30 克，牛奶 100 毫升。

做法

1 黄豆用清水浸泡 10~12 小时，洗净；蓝莓洗净，与牛奶一同倒入榨汁机中打成蓝莓牛奶汁。

2 将黄豆倒入豆浆机中，加水至上、下水位线之间，按下"豆浆"键，煮至豆浆机提示豆浆做好，凉至温热，淋入蓝莓牛奶汁搅拌均匀即可。

特别提醒

腹泻者不宜饮用。

南瓜子黑米汁

南瓜子含有丰富的锌，有助于初期前列腺肥大的治疗和预防前列腺癌的发生；黑米富含硒，也有很好的防癌抗癌功效。

材料

黑米 80 克，南瓜子仁 25 克。

做法

1 黑米淘洗干净，浸泡 2 小时。南瓜子仁洗净。

2 将全部食材一同倒入豆浆机中，加水至上、下水位线之间，按下"五谷"键，煮至豆浆机提示做好即可。

特别提醒

胃热病人不宜多食，以免引起脘腹胀闷。

甘薯燕麦米糊 [通便排毒，预防癌症发生]

甘薯通便排毒，可有效抑制直肠癌的发生；燕麦片抗氧化，降低胆固醇，排毒。二者搭配可以通便排毒，预防癌症发生。

特别提醒

此款米糊对于心脑血管病患者、肝肾功能不全者、肥胖者都是保健调养佳品。

材料

大米50克，甘薯30克，燕麦片20克。

做法

1 大米和燕麦淘洗干净，用清水浸泡2小时；甘薯洗净，去皮，切粒。

2 将大米、燕麦和甘薯粒倒入豆浆机中，加水至上、下水位线之间，按下"米糊"键，煮至豆浆机提示米糊做好即可。

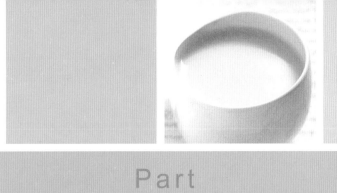

Part

8

父亲母亲：
温和滋补享晚年

促进代谢

- ✅清淡饮食，少吃多餐。 ✅多吃鱼，每周最好吃 2 次。
- ✅保证蛋白质的摄取，多吃瘦肉、豆制品和低脂乳制品等。
- ✅多饮水，常饮茶，尤其是绿茶。

重点推荐食材

燕麦
促进肠胃蠕动

南瓜
帮助消化

糙米
补气开胃

山药
健脾养胃

黄瓜
加速代谢

西瓜
促进消化

山楂
开胃消食

燕麦枸杞山药豆浆

「促进消化」

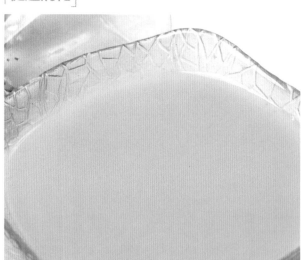

燕麦含有丰富的膳食纤维，可以促进胃肠蠕动，加速食物排出体内；与健脾胃的山药、补肾的枸杞子搭配饮用，不但可以促进代谢，还可以强身健体。

材料
黄豆 40 克，山药 20 克，燕麦片、枸杞子各 10 克。

做法

1 黄豆用清水浸泡 10~12 小时，洗净；山药去皮，洗净，切小丁；枸杞子洗净，泡软。

2 将上述食材一同倒入豆浆机中，加水至上、下水位线之间，按下"豆浆"键，煮至豆浆机提示做好即可。

南瓜豆浆 「健胃整肠」

这款豆浆有健胃整肠、帮助消化、降低
胆固醇、控制高血糖等作用，还能提高
人体免疫力，增强抗病能力。

特别提醒

南瓜皮的内层营养含量不低，不宜去掉
太多，以便较好地保存其营养。

材料

黄豆 60 克，南瓜 30 克。

做法

1 黄豆用清水浸泡 10~12 小时，洗净；
南瓜去皮，除瓤和子，洗净，切小粒。

2 将黄豆和南瓜粒倒入豆浆机中，加
水至上、下水位线之间，按下"豆
浆"键，煮至豆浆机提示做好即可。

糙米山药汁

糙米可以补气开胃；山药有健脾养胃、促进消化的功效，二者搭配可以开胃助消化，还能防止脂肪囤积。

材料

糙米 60 克，山药 50 克。

做法

1 糙米淘洗干净，用清水浸泡 2 小时；山药去皮，洗净，切丁。

2 将上述食材倒入豆浆机中，加水至上、下水位线之间，按下"五谷"键，煮至豆浆机提示做好即可。

特别提醒

大便干燥者不宜多饮。

红枣燕麦糙米糊

促进消化

此款米糊含有丰富的膳食纤维和维生素，不但可以开胃、促进消化，还可以促进血液循环，加速代谢过程。

材料

燕麦片、糙米各 30 克，莲子 15 克，枸杞子 5 克，熟花生仁 20 克，红枣 10 克。

做法

1 糙米淘洗干净，用清水浸泡 10~12 小时；红枣用温水浸泡半小时，洗净，去核；莲子用清水浸泡 2 小时，洗净，去子；枸杞子洗净，泡软；燕麦片、花生洗净。

2 将所有食材倒入豆浆机中，加水至上、下水位线之间，按下"米糊"键，煮至豆浆机提示米糊做好即可。

特别提醒

应选择形状明显的燕麦片，这样的更纯正。

有效补钙

✅ 多食用含钙的食物。钙的流失是造成骨质疏松症的最直接原因之一，因而平时应多吃此类食物，诸如燕麦片、豆腐干、腐乳、芸豆、苜蓿、牛奶等。 ✅ 多吃蔬菜，特别是深绿色的蔬菜，对缓解骨质疏松症有很大的好处。

❌ 避免引用过多的刺激性饮料，如酒、咖啡、浓茶等。

❌ 不要抽烟。

重点推荐食材

虾皮
钙含量极其丰富

豆类
强健骨骼

谷类
提高骨密度

蛋黄
促进钙的吸收

栗子
维持骨骼功能

香蕉
加速钙的吸收

牛奶
预防骨质疏松

虾皮紫菜豆浆

「防治缺钙引起的骨质疏松」

虾皮钙含量很高，紫菜则镁含量很高，两者合用，能促进钙的吸收，为身体提供充足的钙质，防治缺钙引起的骨质疏松。

材料
黄豆 60 克，紫菜、虾皮各 10 克。

做法

1 黄豆用清水浸泡 10~12 小时，洗净；紫菜撕成小片；虾皮洗净。

2 将所有食材倒入豆浆机中，加水至上、下水位线之间，按下"豆浆"键，煮至豆浆机提示做好即可。

牛奶瓜子仁豆浆 [强壮骨骼、预防骨质疏松]

这是一道带有奶香味的高钙豆浆：牛奶富含易被人体吸收的钙，能有效预防骨质疏松；葵花子仁等坚果类食物富含钙、蛋白质，对强壮骨骼有益，同时可预防骨质疏松。

特别提醒

牛奶要避光存放，不要暴露在明亮的灯光或太阳光下，这样牛奶中的营养成分会降低。

材料

黄豆、葵花子仁各50克，牛奶100毫升。

做法

1 黄豆用清水浸泡10~12小时，洗净。
2 将黄豆和葵花子仁倒入豆浆机中，加水至上、下水位线之间，按下"豆浆"键，煮至豆浆机提示豆浆做好，凉至温热后加牛奶搅拌均匀即可。

栗子大米汁

提高骨密度

栗子含有丰富的维生素 C，能够维持骨骼的正常功能，可以预防和治疗骨质疏松。与大米搭配可以防止因缺钙引起的骨质疏松，而且能提高骨密度。

材料

栗子、大米各 40 克，冰糖 10 克。

做法

1 大米淘洗干净；栗子去壳取肉，切小块。
2 将大米、栗子倒入豆浆机中，加水至上、下水位线之间，按下"五谷"键，煮至豆浆机提示做好，过滤后加冰糖搅拌至化开即可。

特别提醒

此五谷汁还适合备孕妈妈饮用，可以补充叶酸。

芝麻栗子糊

补钙

此款芝麻栗子糊可补肝肾，乌发，适合脱发和须发早白等症。

材料

熟栗子 100 克，熟黑芝麻 50 克。

做法

1 熟栗子去壳、皮，切小块。
2 将全部食材倒入豆浆机中，加水至上、下水位线之间，按下"米糊"键，煮至豆浆机提示米糊做好即可。

特别提醒

若买不到熟栗子和熟芝麻，也可先将生栗子煮熟，将芝麻用小火炒香。

延缓衰老

- ✔多吃富含不饱和脂肪酸的深海鱼、坚果等。 ✔多吃豆类及其制品。 ✔烹饪多用植物油。
- ✘忌食煎炸、油腻食物。 ✘戒烟戒酒。

重点推荐食材

黑豆
清除体内自由基

莲藕
抗衰益寿

草莓
延缓衰老

核桃
预防疾病

糯米
滋补养身

火龙果
延缓衰老

茶
抗氧化、抗衰老

五豆豆浆

「防老抗癌、增强免疫力」

这款豆浆富含多种营养成分，具有防老抗癌、增强免疫力等作用，非常适合老年人饮用。

材料

黄豆、绿豆、黑豆、芸豆、红豆各 20 克。

做法

1 黄豆、黑豆、芸豆分别用清水浸泡 10~12 小时，洗净；红豆、绿豆用清水浸泡 4~6 小时，淘洗干净。

2 将上述食材倒入豆浆机中，加水至上、下水位线之间，按下"豆浆"键，煮至豆浆机提示豆浆做好即可。

营养专家教你做：豆浆 五谷米糊一本全

燕麦山药黑米黑豆浆 「增强体力、延年益寿」

黑米、黑豆可滋补、防癌、抗老；燕麦富含亚油酸，可增强体力、延年益寿；山药富含多种维生素，能养五脏、强筋骨。

特别提醒

消化不良的人不要吃未煮烂的黑米。

材料

黑豆 40 克，黑米 20 克，燕麦片 15 克，山药 50 克。

做法

1 黑豆用清水浸泡 10~12 小时，洗净；黑米淘洗干净，用清水浸泡 2 小时；燕麦片淘洗干净；山药去皮，洗净，切丁。

2 上述食材倒入豆浆机中，加水至上、下水位线之间，按下"豆浆"键，煮至豆浆机提示豆浆做好，凉至温热后饮用即可。

芝麻杏仁豆浆

预防慢性病

芝麻含有强力抗衰老物质芝麻酚，是预防女性衰老的重要滋补食品。杏仁富含强抗氧化物质维生素 E，能增强机体免疫力，减缓衰老，降低心脏病、糖尿病等多种慢性病的发病危险。

材料

黄豆 60 克，熟芝麻 10 克，杏仁 15 克。

做法

1 黄豆用清水浸泡 10~12 小时，洗净；熟芝麻碾碎；杏仁碾碎。
2 将上述食材一同倒入豆浆机中，加水至上、下水位线之间，按下"豆浆"键，煮至豆浆机提示做好即可。

特别提醒

杏仁有甜杏仁和苦杏仁之分，甜杏仁可以作为休闲小食品或做凉菜用；苦杏仁一般用来入药，并有小毒，不能多吃。

腰果糯米汁

强筋健骨、预防骨质疏松

腰果含有钙质，可强筋健骨，预防骨质疏松，改善腰腿酸软、筋骨疼痛等症；糯米可滋补。

材料

糯米 60 克， 腰果 15 克。

做法

1 糯米洗净，浸泡 2 小时；腰果切碎。
2 将上述食材倒入豆浆机中，加水至上、下水位线之间，按下"五谷"键，煮至豆浆机提示做好即可。

特别提醒

腰果以外观呈完整月牙形、色泽白、饱满、气味香的为佳。

燕麦花生糊

燕麦片富含膳食纤维，有排毒养颜、润泽肌肤等功效；花生富含维生素 E，可润肤抗皱、延缓衰老，二者同食可养颜、润肤、抗衰老。

材料

燕麦片 60 克，熟花生仁 35 克，冰糖 15 克。

做法

将燕麦片、花生仁倒入豆浆机中，加水至上、下水位线之间，按下"米糊"键，煮至豆浆机提示米糊做好，加入冰糖搅拌至化开即可。

特别提醒

热性体质者不要多吃炒熟或者油炸过的花生，因为这样的花生性质偏热偏燥。

枸杞核桃米糊

核桃富含维生素 E 和不饱和脂肪酸，可延缓衰老、预防疾病、益智补脑；枸杞子可改善血液循环、增强体力、补血养心、防病抗老。

材料

大米、黄豆各 30 克，核桃仁 25 克，枸杞子 10 克，冰糖 15 克。

做法

1 大米淘洗干净，用清水浸泡 2 小时；黄豆洗净，浸泡 10~12 小时；枸杞子洗净，泡软。

2 将所有食材（除冰糖外）倒入豆浆机中，加水至上、下水位线之间，按下"米糊"键，煮至豆浆机提示米糊做好，加入冰糖搅拌至化开即可。

特别提醒

发热者不宜饮用。

缓解失眠

✅选用含钙和纤维素较多的食物，如奶类和蔬菜。 ✅多吃蔬菜和水果，多补充蛋白质。摄取足量的维生素C，如多吃葡萄等水果。 ✅适当补充锌、铁、锰等微量元素。
❌少食含草酸多的食物，如菠菜、苋菜等。 ❌忌食带刺激性、兴奋性的食物，忌食辛辣食物。

重点推荐食材

小米
促进睡眠

核桃
改善睡眠质量

莲子
有镇静作用

牛奶
有催眠作用

香蕉
安抚情绪

生菜
镇痛催眠

芒果
缓和紧张情绪

枸杞百合豆浆

「调理神经虚弱引起的失眠」

这款豆浆有镇静催眠的作用，可用于调理神经衰弱而引起的失眠，对于睡时易醒、多梦也有很好的调养效果。

材料
黄豆 50 克，枸杞子、鲜百合各 25 克。

做法
1 黄豆用清水浸泡 10~12 小时，洗净；百合择洗干净，分瓣；枸杞子洗净，用清水泡软。
2 将所有食材倒入豆浆机中，加水至上、下水位线之间，按下"豆浆"键，煮至豆浆机提示做好即可。

黑豆百合豆浆 [清心安神、滋阴润燥]

黑豆能滋阴、补肾、安神、延缓衰老。百合富含多种营养物质，可益胃生津、清心安神。此豆浆可以清心安神，适合睡眠质量不佳者。

特别提醒

百合以没有黑斑点，个大瓣厚，外形好的为佳。

材料

黑豆 50 克，鲜百合 25 克，冰糖 15 克。

做法

1 黑豆用清水浸泡 10~12 小时，洗净；鲜百合洗净。

2 将 1 中的食材一同倒入豆浆机中，加水至上、下水位线之间，按下"豆浆"键，煮至豆浆机提示豆浆做好，加冰糖搅拌至化开即可。

高粱小米汁 [辅助治疗脾胃失和引起的失眠]

这款五谷汁能健脾养胃，提高睡眠质量，辅助治疗脾胃失和引起的失眠。

特别提醒

便秘者不宜饮用。

材料

高粱米、小米各 30 克，冰糖 10 克。

做法

1 小米、高粱米淘洗干净，用清水浸泡 2 小时。

2 将小米、高粱米倒入豆浆机中，加水至上、下水位线之间，按下"五谷"键，煮至豆浆机提示做好，过滤后加冰糖搅拌至化开即可。

安神桂圆米糊

养心安神、补脾益血

此款米糊具有养心安神、补脾益血的功效，可用于更年期常见的失眠、健忘、眩晕等症状。

材料

大米 60 克，桂圆肉 30 克，白糖适量。

做法

1 大米洗净，浸泡 2 小时；桂圆肉切成丁。

2 将泡好的大米、桂圆肉放入豆浆机中，加水至上、下水位线间，按下"米糊"键，煮至豆浆机提示米糊做好，依据个人口味加白糖调味即可。

特别提醒

有上火发炎症状时不宜食用此米糊。

花生核桃奶糊

促进睡眠

花生可以补气养血、安神；核桃可以缓解大脑疲劳，使大脑放松；二者搭配安眠的牛奶可以促进睡眠，缓解睡眠症状。

材料

米粉 50 克，花生仁 5 克，核桃仁 20 克，牛奶 250 毫升。

做法

1 花生仁、核桃仁洗净。

2 用牛奶将米粉调匀，然后将调好的米粉、花生仁、核桃仁倒入豆浆机中，加水至上、下水位线之间，按下"米糊"键，至豆浆机提示米糊做好即可。

特别提醒

用牛奶搭配大米或者燕麦片煮粥食用，也可以起到安眠的效果。

缓解围绝经期症状

- ✔ 粗细搭配。
- ✔ 多吃蔬果和豆类及其制品。
- ✔ 饮食少油。
- ✖ 忌暴饮暴食。
- ✖ 忌高脂肪饮食。

重点推荐食材

莲藕
安抚暴躁情绪

雪梨
缓解失眠

生菜
改善睡眠

黑米
延缓衰老

蓝莓
增强免疫力

燕麦片
缓解不适症状

红枣
养血安神

莲藕雪梨豆浆

「清热安神，安抚焦躁的情绪」

莲藕有镇静的作用，可抑制神经兴奋，养心安神，缓解围绝经期情绪暴躁、焦虑不安等症状。雪梨可清热润燥、和中安神，能辅助治疗围绝经期痰热扰心、烦闷所引起的失眠。

材料
黄豆 50 克，莲藕 30 克，雪梨 1 个。

做法
1 黄豆用清水浸泡 10~12 小时，洗净；莲藕去皮，洗净，切小丁；雪梨洗净，去皮和核，切小丁。
2 将所有食材倒入豆浆机中，加水至上、下水位线之间，按下"豆浆"键，煮至豆浆机提示做好即可。

桂圆糯米豆浆

桂圆有补血安神、补养心脾的功效，对围绝经期心烦气躁、失眠多梦有辅助治疗作用。黄豆中的大豆异黄酮有助于改善失眠、烦躁、潮热等围绝经期症状。

材料

黄豆 50 克，桂圆肉、糯米各 20 克。

做法

1 黄豆用清水浸泡 10~12 小时，洗净；糯米淘洗干净，用清水浸泡 2 小时。

2 将所有材料倒入豆浆机中，加水至上、下水位线之间，按下"豆浆"键，煮至豆浆机提示做好即可。

特别提醒

凡阴虚内热、湿阻中满、痰火体质的人，尤其是怀孕早期的妇女不宜饮用。

大米红枣豆浆

缓解围绝经期情绪暴躁

这道不加糖也好喝的豆浆能改善更年期的不适症状：大米含有 B 族维生素，有镇静的作用，可缓解更年期情绪暴躁、焦虑不安等症状；红枣含有铁，能养血安神。

材料

黄豆 40 克，大米 30 克，红枣 20 克。

做法

1 黄豆用清水浸泡 10~12 小时，洗净；大米洗净，浸泡 2 小时；红枣洗净，去核，切丁。

2 将上述食材倒入豆浆机中，加水至上、下水位线之间，按下"豆浆"键，煮至豆浆机提示豆浆做好，过滤后凉至温热饮用即可。

特别提醒

选用干枣、鲜枣均可。

红枣燕麦汁

缓解围绝经期症状

燕麦片丰富的维生素E可以扩张末梢血管，改善血液循环，缓解围绝经期症状。红枣有补脾和胃、益气生津、养血安神等功效，能缓解围绝经期症状。

材料

红枣25克，燕麦片50克。

做法

1 红枣洗净，去核，切碎。
2 将所有食材倒入豆浆机中，加水至上、下水位线之间，按下"五谷"键，煮至豆浆机提示做好即可。

特别提醒

鲜枣适合生吃，制作豆浆最好选择钙含量更高的干枣，有利于营养成分的吸收和利用。

黑米黄豆糊

抗衰老，补充矿物质

此米糊富含蛋白质和钙，具有开胃益中、健脾活血、明目乌发、滋补肝肾的功效，非常适合围绝经期的女性。

材料

黑米40克，黄豆60克。

做法

1 黄豆洗净，用清水浸泡10~12小时；黑米淘洗干净，用清水浸泡2小时。
2 将黄豆、黑米一起倒入豆浆机中，加水至上、下水位线之间，按下"米糊"键，煮至豆浆机提示米糊做好，倒入杯中，搅拌均匀即可。

特别提醒

这款豆浆中的黑米不能放太多，否则容易烧煳。

蓝莓果汁豆浆 「改善围绝经期不适症状」

豆浆含有丰富的异黄酮、植物蛋白等，可调节内分泌系统，减轻并改善围绝经期症状。蓝莓富含花青素等，有防止脑神经老化、软化血管、增强人体免疫力等功能。

特别提醒

胃寒患者不宜饮用。

材料

蓝莓 150 克，豆浆 300 毫升。

做法

1 蓝莓洗净，切小块。

2 将豆浆和蓝莓放入榨汁机中搅打均匀，倒出后即可食用。

猕猴桃生菜豆浆饮 「改善失眠症状」

这款豆浆饮富含钙、维生素、蛋白质，可提高免疫力，改善内分泌失调和围绝经期失眠症状。

特别提醒

猕猴桃应选择质地较软并有香气者；如果质地硬，无香气，则未成熟。

材料

猕猴桃150克，生菜100克，豆浆300毫升。

做法

1 猕猴桃去皮，切丁；生菜洗净，切片。
2 将1中的食材放入榨汁机中搅打均匀即可。

Part

9

儿童和青少年：
健康成长好营养

提 高
免疫力

☑多吃富含蛋白质的食物，如瘦肉、鸡肉、鸭肉、鱼肉、奶类等。 ☑多喝水。 ☑多吃蔬菜、水果。

重点推荐食材

黄豆
提高免疫力

大米
全面补充营养

蛋黄
补充蛋白质

黑豆
补充矿物质

蓝莓
增强免疫力

糙米
增强体质

红枣
补铁

花生红枣红豆豆浆

[补充矿物质]

花生富含的锌，红枣富含的铁，牛奶富含的钙，可满足青少年由于骨骼、肌肉、红细胞等的迅猛增长而需要的营养。

材料

红豆50克，花生仁15克，红枣10克，牛奶100毫升。

做法

1 红豆用清水浸泡4~6小时，洗净；花生仁挑净杂质，洗净；红枣洗净，去核切碎。

2 将1中的食材倒入豆浆机中，加水至上、下水位线之间，按下"豆浆"键，煮至豆浆机提示豆浆做好，凉至温热后加牛奶搅拌均匀即可饮用。

芝麻燕麦汁

黑芝麻含铁量较为丰富，很适合正在生长发育的儿童食用。而且，黑芝麻中钙含量丰富，可以预防小儿佝偻病；与膳食纤维丰富的燕麦搭配还可以促进代谢。

材料

燕麦 50 克，熟黑芝麻 10 克，冰糖 10 克。

做法

1 燕麦淘洗干净，用清水浸泡 2 小时；黑芝麻擀碎。

2 将燕麦、黑芝麻碎倒入豆浆机中，加水至上、下水位线之间，按下"五谷"键煮至豆浆机提示做好，过滤后加冰糖搅拌至化开即可。

特别提醒

黑芝麻含有较多油脂，有润肠通便的作用，加上燕麦富含膳食纤维，便溏腹泻的宝宝不宜饮用。

紫薯南瓜黑豆浆

紫薯富含花青素和硒，可提高免疫力，延缓衰老；南瓜含有的果胶有极强的吸附性，能清除人体内的有害物质，提高人体抵抗力。

材料

黑豆 60 克，紫薯、南瓜各 20 克，冰糖 10 克。

做法

1 黑豆用清水浸泡 8~12 小时，洗净；紫薯、南瓜分别洗干净，去皮，切丁。

2 将 1 中的材料倒入豆浆机中，加水至上、下水位线之间，按下"豆浆"键，煮至豆浆机提示豆浆做好，过滤后加冰糖搅拌至化开即可。

特别提醒

制作这款豆浆宜选口感老一些的南瓜，老南瓜口感又面又甜，搅打出的豆浆更香甜，而嫩南瓜水分大，不是很甜。

大米糙米糊

增强体质、提高免疫力

此款米糊可补益中气，增强体质，提高人体免疫功能，促进血液循环，预防心血管疾病。

材料

大米、糙米各 40 克，熟花生仁 25 克，熟黑芝麻 10 克，冰糖 15 克。

做法

1 大米、糙米分别淘洗干净，用清水浸泡 2 小时。

2 将全部食材（冰糖除外）倒入豆浆机中，加水至上、下水位线之间，按下"米糊"键，煮至豆浆机提示米糊做好，加入冰糖搅至化开即可。

特别提醒
此米糊不宜给宝宝吃太多，否则不易消化。

蛋黄米糊

提高宝宝免疫力

蛋黄米糊富含蛋白质和卵磷脂，有利于宝宝的肠胃吸收，能够增强宝宝的免疫力。

材料

鸡蛋 1 个，小米 30 克。

做法

1 鸡蛋煮熟，取蛋黄；小米淘洗干净，用清水浸泡 2~4 小时。

2 用小勺将蛋黄压成泥状，连同小米一同放入豆浆机中，加水至上、下水位线之间，按下"米糊"键，煮至豆浆机提示米糊做好，倒入碗中即可。

特别提醒
除了可以给宝宝吃蛋黄米糊，也可以吃水煮鸡蛋，营养价值很高。

健脑益智

☑保证脂肪的摄入。为脑部提供优良丰富的脂肪，可促进脑细胞发育和神经纤维髓鞘的形成，并保证它们的良好功能。☑补充足够的蛋白质。蛋白质是控制脑细胞兴奋与抑制过程的主要物质。☑补充碳水化合物。碳水化合物是脑活动的能量来源，它在体内分解为葡萄糖后，即可直接为大脑所用。

重点推荐食材

核桃
改善大脑疲劳

鸡蛋
补充蛋白质

花生
增强记忆力

黄豆
促进智力发育

芝麻
活化脑细胞

菠菜
帮助脑部发育

核桃果香豌豆豆浆

[改善大脑疲劳、促进生长发育]

面临中考、高考的青少年，用脑较多，这款豆浆中加入了富含不饱和脂肪酸的核桃仁，能松弛脑神经的紧张状态，帮助改善大脑疲劳。

材料
豌豆 50 克，熟核桃仁 15 克，香蕉 1 个。

做法
1 豌豆用清水浸泡 10~12 小时，洗净；核桃仁掰成小块；香蕉去皮，取果肉放在碗中，用勺背碾成香蕉泥。
2 将豌豆和核桃仁倒入豆浆机中，加水至上、下水位线之间，按下"豆浆"键，煮至豆浆机提示豆浆做好，凉至温热加香蕉泥搅拌均匀即可。

特别提醒

打豆浆的时候加一些玉米，能让豆浆
的营养更均衡，吸收率更高。

玉米芝麻豆浆

增强智力和记忆力

玉米富含的谷氨酸能促进脑细胞代谢，可
增强智力和记忆力；芝麻富含卵磷脂等营
养物质，对孩子的大脑及智力发育有好处。
常喝这道豆浆还能使孩子拥有乌黑的头发。

材料

黄豆 50 克，玉米糁 15 克，熟黑芝麻 10 克。

做法

1 黄豆用清水浸泡 10~12 小时，洗净；玉
米糁淘洗干净，用清水浸泡 2 小时；黑
芝麻碾碎。

2 将上述食材一同倒入豆浆机中，加水至
上、下水位线之间，按下"豆浆"键，
煮至豆浆机提示豆浆做好，凉至温热饮
用即可。

特别提醒

新鲜鸡蛋外壳粗糙，有白霜，且摇晃时
里面无声音。

蛋黄豆浆

促进脑部发育、增强记忆力

蛋黄是物美价廉的健脑益智食品，加入蛋
黄的豆浆，富含卵磷脂和 DHA，能促进孩
子的脑部发育，有增强记忆力、健脑益智
的功效。

材料

黄豆 40 克，煮鸡蛋黄 1 个，冰糖 5 克。

做法

1 黄豆用清水浸泡 10~12 小时，洗净；鸡
蛋黄放入碗中，用勺背压碎。

2 将黄豆倒入豆浆机中，加水至上、下水
位线之间，按下"豆浆"键，煮至豆浆
机提示豆浆做好，过滤后加冰糖搅拌至
化开，再加鸡蛋黄搅拌均匀即可。

黑木耳花生黑米汁

促进大脑发育、增强记忆力

花生含有的维生素E可促进大脑发育并增强记忆力；黑木耳富含的磷对孩子脑神经的生长发育有益。

材料

黑米40克，花生仁15克，水发黑木耳10克。

做法

1 黑米用清水浸泡4~6小时，洗净；黑木耳去蒂，洗净，切碎；花生仁挑净杂质，洗净。

2 将上述食材倒入豆浆机中，加水至上、下水位线之间，按下"五谷"键，煮至豆浆机提示做好即可。

特别提醒

新鲜黑木耳含有光敏物质，食用后经阳光照射，曝晒的肌肤易出现瘙痒、疼痛或水肿等症状，而经曝晒再用水泡发后的干木耳，大部分的光敏物质已被去除。

黄豆南瓜大米糊

促进智力发育

黄豆富含大量的卵磷脂，对儿童的智力发育很有好处。牛奶富含蛋白质，可增强儿童记忆力。

材料

南瓜80克，黄豆、大米各30克，冰糖15克。

做法

1 黄豆洗净，用清水浸泡10~12小时；大米淘洗干净，浸泡2小时；南瓜洗净，去皮、去瓤、去子，切小块。

2 将1中的食材倒入豆浆机中，加水至上、下水位线之间，按下"米糊"键，煮至豆浆机提示米糊做好，加入冰糖搅至化开即可。

特别提醒

大米的淘洗次数不宜过多，以1~2次为宜。

保护视力

✅保护视力，应补充足够的优质蛋白质。视网膜上的视紫质是由蛋白质和维生素 A 合成的。 ✅补充维生素 A，如果缺乏维生素 A，会影响暗视力。 ✅补充 B 族维生素，它是维持并参与视神经细胞代谢的重要物质。 ✅多喝水，少喝咖啡。

重点推荐食材

 黄豆
保护视神经

 菊花
清肝明目

 胡萝卜
补充维生素 A

 绿豆
清肝明目

 玉米
保护视力

 南瓜
缓解眼疲劳

 枸杞子
保护眼睛

菊花豆浆 [清肝明目]

黄豆富含大豆卵磷脂，具有保护视神经、增强组织活性的功效；菊花可清肝明目、清热降火。二者同食可清肝明目，提高视神经活力。

材料
黄豆 50 克，干菊花 5 克，冰糖 10 克。

做法
1 黄豆用清水浸泡 10~12 小时，洗净；干菊花洗净。
2 将 1 中的食材倒入豆浆机中，加水至上、下水位线之间，按下"豆浆"键，煮至豆浆机提示豆浆做好，过滤后加冰糖搅拌至化开即可。

营养专家教你做：豆浆 五谷米糊一本全

胡萝卜枸杞豆浆

养肝、护眼、增强抵抗力

胡萝卜富含能在人体内转变成维生素A的β-胡萝卜素,具有保护眼睛、抵抗传染病的功效。枸杞子养肝明目、补血养心。

材料

黄豆50克,胡萝卜80克,枸杞子15克,冰糖10克。

做法

1 黄豆用清水浸泡10~12小时,洗净;胡萝卜洗净,去皮,切块;枸杞子洗净。
2 将1中的食材倒入豆浆机中,加水至上、下水位线之间,按下"豆浆"键,煮至豆浆机提示豆浆做好,过滤后加冰糖搅拌至化开即可。

特别提醒

枸杞子以颗粒大、色鲜红、肉厚、味香甜、质柔润的为佳。

南瓜花生豆浆

保护眼睛、滋润肌肤

南瓜含丰富的维生素和胡萝卜素,胡萝卜素可在体内转化成维生素A,从而有助于缓解眼疲劳,保护皮肤。花生富含维生素E及多种矿物质,可有效保护眼睛和皮肤。

材料

南瓜50克,黄豆80克,花生仁10克。

做法

1 南瓜去皮,洗净,切成小块;黄豆洗净,浸泡10~12小时;花生仁洗净。
2 将南瓜、黄豆、花生仁倒入豆浆机中,加水至上下水位线之间,按下"豆浆"键,煮至豆浆提示豆浆做好,倒入杯中即可。

特别提醒

在烹饪黄豆时一定要煮透、煮烂。食用半生不熟的黄豆可能会出现腹胀、腹泻、呕吐、发热等症状。

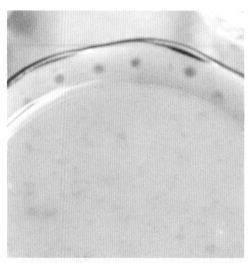

胡萝卜绿豆米糊

缓解视疲劳、清肝明目

胡萝卜富含胡萝卜素，可保护眼睛健康；绿豆也有清肝明目的功效。

材料

大米 40 克，胡萝卜、绿豆各 20 克，去芯莲子 10 克。

做法

1 绿豆洗净，用清水浸泡 4~6 小时；大米淘洗干净，浸泡 2 小时；胡萝卜洗净，切丁；莲子用清水泡软，洗净。

2 将大米、绿豆、去心莲子和胡萝卜粒倒入豆浆机中，加水至上、下水位线之间，按下"米糊"键，煮至豆浆机提示米糊做好即可。

玉米枸杞米糊

清热明目、保护视力

此款米糊可以有效抗氧化，还可以清热去火，保护眼睛，缓解视疲劳，对用眼过度的青少年十分适合。

材料

鲜玉米粒 80 克，大米 20 克，枸杞子 5 克。

做法

1 鲜玉米粒洗净；大米淘洗干净，用清水浸泡 2 小时；枸杞子洗净，用温水浸泡半小时。

2 将全部食材倒入豆浆机中，加水至上、下水位线之间，按下"米糊"键，煮至豆浆机提示米糊做好即可。

增进食欲

☑常吃易消化的食物。　☑多吃蔬菜、水果。　☑不喝可乐等碳酸饮料。

❌忌高热量饮食。　❌忌食多盐、高糖的食物。

重点推荐食材

苹果
开胃消食

小米
消积止泻

山楂
促进消化

酸奶
改善肠胃功能

红豆
润肠通便

菠萝
增进食欲

菠萝豆浆 [促进消化]

这款豆浆能促进新陈代谢、增进食欲、促进消化，尤其是在吃肉食较多时，能起到消食的作用，并能解除油腻。

材料
黄豆50克，菠萝肉30克。

做法
1 黄豆用清水浸泡10~12小时，洗净；菠萝肉切小块，用淡盐水浸泡30分钟。
2 将黄豆、菠萝块倒入豆浆机中，加水至上、下水位线之间，按下"豆浆"键，煮至豆浆机提示做好即可。

胡萝卜核桃米糊

促进新陈代谢

这款米糊能促进新陈代谢、增进食欲、促进消化，尤其适合不喜欢吃胡萝卜的孩子食用。

材料

大米 50 克，胡萝卜、核桃仁 30 克，牛奶 200 毫升。

做法

1 大米淘洗干净，用清水浸泡 2 小时；胡萝卜洗净，切小块。

2 将大米、胡萝卜、核桃仁倒入豆浆机中，加水至上、下水位线之间，按下"米糊"键，煮至豆浆机提示米糊做好，加入牛奶搅匀即可。

特别提醒

胡萝卜 1 根，每日饭后吃，连食数日，可以缓解小儿营养不良。

红豆小米汁

改善消化不良

小米可补气健脾、消积止泻，对脾虚久泻、食积腹痛、小儿消化不良有显著的食疗作用。

材料

红豆 25 克，小米 50 克，冰糖适量。

做法

1 红豆用清水浸泡 4~6 小时，洗净；小米淘洗干净，用清水浸泡 2 小时。

2 将 1 中的食材一同倒入豆浆机中，加水至上、下水位线之间，按下"五谷"键，煮至豆浆机提示做好，过滤后加冰糖搅拌至化开即可。

特别提醒

小米宜选购颗粒均匀，呈乳白色、黄色或金黄色，并且有清香味的。

营养专家教你做：豆浆、五谷米糊一本全

Part
10

青年女性：
窈窕美丽喝出来

美白养颜

⊘宜吃富含软骨素的食物。 ⊘常吃富含核酸的食物。 ⊘补充脂肪酸。 ⊘多吃富含胶原蛋白的食物。 ⊘补充维生素，能维持皮肤的柔韧和光泽。

重点推荐食材

黄豆
抑制皮肤衰老

胡萝卜
保持皮肤细嫩

香蕉
防止皮肤干燥

猕猴桃
延缓皮肤老化

黄瓜
抗氧化、防衰老

牛奶
淡化皱纹

水
天然的美容剂

白菜苹果豆浆 [润泽肌肤]

苹果含有果胶和维生素 C，可以使人的皮肤细腻、润泽，还有助延缓老年斑的出现。白菜同样含有丰富的维生素 C，也是护肤养颜的高手。

材料
黄豆 60 克，白菜、苹果各 50 克。

做法
1 黄豆用清水浸泡 10~12 小时，洗净；白菜择洗干净，切碎；苹果洗净，去皮除核，切丁。
2 将上述食材一同倒入豆浆机中，加水至上、下水位线之间，按下"豆浆"键，煮至豆浆机提示豆浆做好，过滤即可。

香蕉草莓豆浆

草莓和香蕉都有美容养颜的功效。草莓中含有丰富的维生素 C，在美白和滋润皮肤的同时，还能淡化色斑。香蕉可以去脂减肥，还能防治皮肤瘙痒。

材料

黄豆 50 克，草莓 25 克，去皮香蕉 50 克。

做法

1 黄豆用清水浸泡 10~12 小时，洗净；香蕉切成小块；草莓洗净，去蒂，切丁。

2 将上述食材一同倒入豆浆机中，加水至上、下水位线之间，按下"豆浆"键，煮至豆浆机提示豆浆做好过滤即可。

特别提醒

将带蒂草莓在流水下不断清洗，然后放入淡盐水或淘米水中浸泡 5 分钟，能去除草莓表面的农药。

香草豆浆

滋补养颜

香草含有 17 种人体必需的氨基酸，具有补肾、开胃、健脾等功效，加入豆浆中，还可起到滋补养颜的作用。

材料

黄豆 60 克，香草 5 克，白糖 10 克。

做法

1 黄豆用清水浸泡 10~12 小时，洗净；香草洗净。

2 把黄豆和香草倒入豆浆机中，加水至上、下水位线之间，按下"豆浆"键，煮至豆浆机提示豆浆做好，过滤后加白糖搅拌至化开即可。

特别提醒

先用开水浸泡香草，再用泡好香草的水搅打豆浆也可以。

小米薏米绿豆汁
祛斑解毒

这款五谷汁对女性保养很有好处，原因有三：薏米不但可以淡化粉刺、色斑，还可以保持皮肤光泽；绿豆有清热解毒的功效；小米是补血安神的佳品。

材料

绿豆 50 克，小米 30 克，薏米 20 克，冰糖适量。

做法

1 绿豆淘洗干净，用清水浸泡 4~6 小时；小米、薏米分别淘洗干净，用清水浸泡 2 小时。

2 将 1 中的食材一同倒入豆浆机中，加水至上、下水位线之间，按下"五谷"键，煮至豆浆机提示做好，过滤后依个人口味加适量冰糖调味即可。

特别提醒

薏米以粒大、饱满、色白、外形完整为佳。

花生芝麻米糊
滋阴去燥、养颜润发

此款米糊具有滋阴去燥、补气养血、养颜润发等功效，适合精血不足、须发早白、心烦气躁者食用。

材料

熟花生仁 80 克，大米 30 克，熟黑芝麻 25 克，冰糖 15 克。

做法

1 大米淘洗干净，用清水浸泡 2 小时。

2 将大米、花生仁、黑芝麻倒入豆浆机中，加水至上、下水位线之间，按下"米糊"键，煮至豆浆机提示米糊做好，加入冰糖搅至化开即可。

特别提醒

制作此米糊所选的花生仁最好是炒熟的，如果买不到，也可自己炒制。炒时不宜去花生衣，要不断翻动，炒香即可。

乌发养发

☑ 补充维生素。在营养物质里，维生素 B、维生素 C 可以称得上是秀发的"天使"。 ☑ 可食用一些含锌量较多的食物，人体内若缺锌，容易大量脱毛并且导致新长的毛发颜色变淡。 ☒ 避免吃煎炸、油腻、辣、含酒精及咖啡因的食物，因为它们会刺激增加头油及头皮屑的形成。

重点推荐食材

黑豆
美发护发

黑芝麻
防治脱发

黑木耳
改善头发枯黄

核桃
防治头发过早变白

桑葚
补肾护发

黑米
乌黑秀发

花生芝麻黑豆浆

[改善非遗传性白发症]

黑豆具有乌发的功效，适用于各种非遗传性白发症。黑芝麻补肾强肝，适合肝肾不足所致的脱发、须发早白。

材料
黑豆50克，黑芝麻15克，熟花生仁20克，白糖适量。

做法
1 黑豆用清水浸泡10~12小时，洗净；花生仁洗净；黑芝麻冲洗干净，沥干水分，碾碎。
2 将1中的食材一同倒入豆浆机中，加水至上、下水位线之间，按下"豆浆"键，煮至豆浆机提示做好，加入白糖调味后饮用即可。

芝麻黑米糊

此款米糊可补肾气，抗衰老，养秀发，润肌肤。

材料

黑米 50 克，大米 20 克，熟黑芝麻 30 克。

做法

1 黑米、大米淘洗干净，用清水浸泡 2 小时。

2 将全部食材倒入豆浆机中，加水至上、下水位线之间，按下"米糊"键，煮至豆浆机提示米糊做好即可。

特别提醒

此米糊还有补肾的功效。

黑米大米汁

帮助排出体内的重金属毒物

黑米富含硒，可与体内的汞、锡、铅等重金属结合，促使其排出体外。

材料

大米 40 克， 黑米 40 克，冰糖 15 克。

做法

1 大米、黑米分别淘洗干净，浸泡 2 小时。

2 将 1 中的食材倒入豆浆机中，加水至上、下水位线之间，按下"五谷"键，煮至豆浆机提示做好，加冰糖搅拌至化开即可。

特别提醒

消化功能较弱者不宜饮用。

减肥美体

✅保持清淡的饮食，保证每天食用足量的蔬菜、水果。　✅保证蛋白质的充分摄入。

❌少吃含热量过高的食物。特别是高脂肪类食物，因为脂肪产生的热量最高。应选择脂肪含量低的肉类。　❌少喝碳酸饮料，这类饮料中糖分较多，容易引起肥胖。

重点推荐食材

黄瓜
通畅大便

苹果
减少人体对糖的吸收

芒果
防止脂肪堆积

山药
使人减少进食量

菠萝
增加饱腹感

生菜
防止减肥后皮肤松弛

桂圆山药豆浆 [减肥健美]

桂圆含糖量很高，含有能被人体直接吸收的葡萄糖，可使面色红润、改善肤色。山药是减肥的好选择，它含有的膳食纤维可以使人产生饱腹感，从而减少进食量。

材料
黄豆 50 克，山药 50 克，桂圆肉 25 克，白糖适量。

做法
1 黄豆用清水浸泡 10~12 小时，洗净；山药去皮，洗净，切小块。
2 将 1 中的食材连同桂圆肉一同倒入豆浆机中，加水至上、下水位线之间，按下"豆浆"键，煮至豆浆机提示豆浆做好，过滤后加入适量白糖调味即可。

木瓜芒果豆浆

润肤丰胸

木瓜深受女性喜爱，一大原因是它含有的木瓜蛋白酶对乳腺的发育有益。而芒果含有大量的维生素，可起到滋润肌肤的作用。

材料

黄豆 50 克，木瓜 50 克，芒果肉 35 克。

做法

1 黄豆用清水浸泡 10~12 小时，洗净；芒果肉切丁；木瓜去皮，除子，洗净，切小丁。

2 将上述食材一同倒入豆浆机中，加水至上、下水位线之间，按下"豆浆"键，煮至豆浆机提示豆浆做好，过滤即可。

特别提醒

芒果一次不要吃得过多，否则易使皮肤的颜色发黄。

黄瓜豆浆

利水减肥

黄豆可以调节内分泌，促进新陈代谢，消脂减肥。黄瓜富含维生素和酶类，可促进脂肪代谢，消暑利水。

材料

黄豆 60 克，黄瓜 50 克。

做法

1 黄豆用清水浸泡 10~12 小时，洗净；黄瓜洗净，切小块。

2 将所有食材一同倒入豆浆机中，加水至上、下水位线之间，按下"豆浆"键，煮至豆浆机提示做好即可。

特别提醒

此豆浆适合在夏季饮用。

葡萄干苹果薏米汁

消脂抗衰

"一天一苹果，医生远离我"，苹果含有的膳食纤维和维生素C，能够刺激胃肠蠕动，协助人体排出废物，促进脂质代谢，减肥瘦身。葡萄所含的类黄酮是一种强力抗氧化剂，可清除体内自由基，防止衰老。薏米富含B族维生素，可改善粉刺、黑斑、雀斑和皮肤粗糙等现象。

材料

薏米 60 克，苹果 20 克，葡萄干 25 克。

做法

1 薏米洗净，浸泡 2 小时；葡萄干洗净，切碎；苹果洗净，去蒂除核，切丁。

2 将上述食材一同倒入豆浆机中，加水至上、下水位线之间，按下"五谷"键，煮至豆浆机提示做好即可。

特别提醒

这道五谷汁也可以把葡萄干换成鲜葡萄。

绿豆薏米糊

改善腿部水肿

薏米可以健脾除湿、改善水肿；绿豆也能去水湿、除水肿，二者搭配可以改善腿部水肿，美化腿形。

材料

薏米 50 克，绿豆 30 克，燕麦片 20 克。

做法

1 绿豆淘洗干净，用清水浸泡 4~6 小时；薏米淘洗干净，浸泡 2 小时；燕麦片洗净。

2 将所有食材倒入豆浆机中，加水至上、下水位线之间，按下"米糊"键，煮至豆浆机提示米糊做好即可。

特别提醒

此款米糊可减轻面部皮肤粗糙和痤疮、粉刺等症状。

生菜豆浆饮 [减肥健美、增白皮肤]

这款饮品具有高蛋白、低脂肪、多维生素、低胆固醇的特点，可减肥健美、增白皮肤。

特别提醒

不要用金属的菜刀切生菜，因为金属元素与叶片接触，就会使切口呈褐色，而且口味也会变差。

材料

生菜200克，豆浆300毫升。

做法

1 生菜择洗干净，切碎。

2 将生菜和豆浆一起放入榨汁机中搅打即可。

防治缺铁性贫血

✅应适量多吃些含铁丰富的食物，如动物肝脏、猪血、瘦肉、蛋黄等。　✅改变长期偏食和素食的饮食习惯。　✅摄入足量的蛋白质，特别是优质蛋白。❌不宜过量饮用牛奶，因为牛奶中所含的磷会影响人体对铁的吸收。

重点推荐食材

黑木耳
促进血红蛋白合成

菠菜
协助铁的吸收

黑豆
改善贫血症状

红豆
补血行气

小米
滋阴养血

花生
补血生血

猕猴桃
参与造血

红枣花生豆浆

「养血、补血、补虚」

花生与红枣配合在一起食用，既可养血、补血、补虚，又能止血，最宜用于贫血患者。

材料

黄豆60克，红枣、花生仁各15克，冰糖10克。

做法

1 黄豆用清水浸泡10~12小时，洗净；红枣洗净，去核，切碎；花生仁挑净杂质，洗净。

2 将1中的食材倒入豆浆机中，加水至上、下水位线之间，按下"豆浆"键，煮至豆浆机提示做好，加冰糖搅拌至化开即可。

特别提醒
黑芝麻如果保存不当，外表出现油腻潮湿的现象时，最好不要食用，以免对人体造成伤害。

枸杞黑芝麻豆浆

防治缺铁性贫血

这款豆浆铁元素的含量较高，对防治缺铁性贫血有一定帮助，还有改善气喘、头晕、疲乏、脸色苍白等不适症状的作用。

材料

黄豆 50 克，枸杞子、熟黑芝麻各 25 克，冰糖 10 克。

做法

1 黄豆用清水浸泡 10~12 小时，洗净；黑芝麻碾碎；枸杞子洗净，用清水泡软。

2 将 1 中的食材一同倒入豆浆机中，加水至上、下水位线之间，按下"豆浆"键，煮至豆浆机提示做好，过滤后加冰糖搅拌至化开即可。

特别提醒
桂圆肉用干的或鲜的均可，如果用干的用量要酌减。

桂圆红豆豆浆

改善贫血头晕

桂圆补脾益气、养血安神，对贫血引起的头晕有改善作用。红豆能行气补血，尤其对补心血有益，非常适合心血不足的女性食用。

材料

红豆 50 克，桂圆肉 30 克。

做法

1 红豆淘洗干净，用清水浸泡 4~6 小时；桂圆肉切碎。

2 将红豆和桂圆肉倒入豆浆机中，加水至上、下水位线之间，按下"豆浆"键，煮至豆浆机提示做好即可。

黑木耳枸杞小米汁 [对抗青春期女生贫血]

这道五谷汁富含铁，可预防青春期女生常见的缺铁性贫血：黑木耳含铁量较高，具有养血、补血的作用；枸杞子也有不错的补血效果。

特别提醒

黑木耳 10 克，冰糖 30 克，水适量，炖熟，于睡前服用，可以辅助治疗高血压。

材料

小米 60 克，水发黑木耳 10 克，枸杞子 5 克， 冰糖 5 克。

做法

1 小米淘洗干净，浸泡 2 小时；黑木耳去蒂，洗净，撕成小朵；枸杞子洗净。

2 将 1 中的食材倒入豆浆机中，加水至上、下水位线之间，按下"五谷"键，煮至豆浆机提示豆浆做好，加冰糖搅拌至化开即可。

红枣核桃米糊 「益气养血、预防贫血」

这款米糊可以益气养血、健脾益胃，改善血液循环，预防贫血和早衰。

特别提醒
红枣含糖量高，尤其是制成零食的红枣，不适合糖尿病患者吃。

材料
大米 50 克，红枣 20 克，核桃仁 10 克。

做法

1 大米淘洗干净，用清水浸泡 2 小时；红枣洗净，用温水浸泡半小时，去核。

2 将全部食材倒入豆浆机中，加水至上、下水位线之间，按下"米糊"键，煮至豆浆机提示米糊做好即可。

缓解痛经

- ✅ 适当吃些酸味食物，如酸菜、醋等，有缓解疼痛的作用。 ✅ 宜常吃补气血、补肝肾的食物，如鸡肉、鱼类、鸡蛋、牛奶、豆类、动物肝肾等。 ✅ 适当多吃些蜂蜜、香蕉、芹菜、甘薯等有利于保持大便通畅的食物。
- ❌ 避免咖啡、巧克力等富含咖啡因的食物。 ❌ 避免过甜或过咸的食物。

重点推荐食材

黑豆
缓解下腹部阴冷

红豆
补充气血

莲子
畅通气血

山楂
活血化瘀

西蓝花
缓解痛经

茉莉花
改善痛经

山楂大米豆浆 [改善血瘀型痛经]

这款豆浆具有活血化瘀的作用，尤其适合血瘀型痛经者饮用，也适合于月经不调者。

材料

黄豆 60 克，山楂 25 克，大米 20 克，白糖 10 克。

做法

1 黄豆用清水浸泡 10~12 小时，洗净；大米淘洗干净；山楂洗净，去蒂，除核，切碎。

2 将 1 中的食材一同倒入豆浆机中，加水至上、下水位线之间，按下"豆浆"键，煮至豆浆机提示做好，加入白糖调味后饮用即可。

Part10 青年女性：婀娜美丽喝出来

茉莉花豆浆 [减轻腹痛、痛经]

茉莉花豆浆除了可以安定情绪之外，还能清热解暑、健脾、化湿，减轻腹痛、经痛，并能滋润肌肤、养颜美容。

特别提醒

茉莉花辛香偏温，火热内盛、燥结便秘者最好不要饮用茉莉花豆浆，孕妇尤其要慎饮。

材料

黄豆 80 克，茉莉花 10 克，蜂蜜 10 克。

做法

1 黄豆用清水浸泡 10~12 小时，洗净；茉莉花洗净浮尘。

2 将黄豆和茉莉花倒入豆浆机中，加水至上、下水位线之间，按下"豆浆"键，煮至豆浆机提示做好，过滤后凉至温热加入蜂蜜调味即可。

山药薏米汁

调经止痛、行气活血

山药有健脾补虚、调经止痛的功效；薏米可健脾益胃、滋阴去火、行气活血。二者搭配可补气活血，适合痛经及脾胃虚弱的女性饮用。

材料

薏米 60 克，山药 20 克，冰糖适量。

做法

1 薏米淘洗干净，用清水浸泡 2 小时；山药去皮，洗净，切小块。

2 将 1 中的食材一同倒入豆浆机中，加水至上、下水位线之间，按下"五谷"键，煮至豆浆机提示做好，过滤后加冰糖搅拌至化开即可。

特别提醒

糖尿病患者饮用山药薏米汁时不要加糖。

当归红枣米糊

改善气血不足、月经不调

这款米糊对气血不足、月经不调、痛经、眩晕等有很好的辅助治疗效果。

材料

大米 60 克，当归 15 克，红枣 10 克。

做法

1 当归用热水浸泡 15 分钟，煎出汁，除去渣后倒入豆浆机中。

2 大米淘洗干净，用清水浸泡 2 小时；红枣洗净，用温水浸泡半小时，去核。

3 将 2 中的食材倒入豆浆机中，加适量水至上、下水位线之间，按下"米糊"键，煮至豆浆机提示米糊做好即可。

特别提醒

红枣去核的方法：先洗净，然后用刀将红枣拍扁，将核取出来，这样不易留下碎核。

西蓝花豆浆汁 「防止经期便秘」

西蓝花维生素 C 的含量很高，矿物质的
成分也较全面，并且属于高纤维蔬菜，
在补充经期营养的同时，还可防止发生
经期便秘。与黄豆搭配可以补充经期营
养，缓解不适。

特别提醒
此豆浆汁还有防癌的作用。

材料
西蓝花 200 克，豆浆 400 毫升。
做法
西蓝花洗净，掰成小朵，放沸水中焯烫，
凉凉备用。把西蓝花和豆浆放入榨汁机
中搅打均匀即可。

防治乳腺增生

- ✅ 多吃含不饱和脂肪酸的鱼类。
- ✅ 多吃豆类和含碘丰富的海带等食物。
- ❌ 忌吃辛辣刺激和生冷的食物。

重点推荐食材

甘薯
能延缓胃的排空，抑制脂肪合成

燕麦
使激素水平下降

西蓝花
清除自由基

黑米
防癌抗癌、延缓衰老

菜花
抗氧化

黄豆
预防乳腺增生

甘薯黑米豆浆 [预防乳腺癌]

甘薯含有一种活性物质叫脱氧异雄固酮，可以抑制和杀灭癌细胞，使衰弱的免疫系统重新振作，预防乳腺癌。

材料

黄豆、甘薯各 50 克，黑米 20 克。

做法

1 黄豆用清水浸泡 10~12 小时，洗净；黑米淘洗干净，用清水浸泡 2 小时；甘薯洗净，切小块。

2 将上述食材一同倒入豆浆机中，加水至上、下水位线之间，按下"豆浆"键，煮至豆浆机提示豆浆做好，过滤即可。

特别提醒

因为这款豆浆加入了洋葱，皮肤瘙痒性疾病患者和患有眼疾、眼部充血的人不宜饮用。

葱香燕麦汁

降低乳腺癌和胃癌的发病率

这是一款带有特别葱香口味的五谷汁，但它更大的优点的是有抗癌功效：燕麦片含有大量的膳食纤维，可降低乳腺癌发生的危险；洋葱中含有一种叫栎皮素的物质，可使胃癌的发病率降低。

材料

燕麦片 60 克，洋葱 50 克。

做法

1 燕麦片淘洗干净；洋葱撕去老膜，去蒂，洗净，切小块。

2 将上述食材一同倒入豆浆机中，加水至上、下水位线之间，按下"五谷"键，煮至豆浆机提示豆浆做好即可。

特别提醒

若买不到现成的十谷米，也可自己配，十谷米包含糙米、黑米、小米、小麦仁、荞麦、芡实、燕麦片、薏米、莲子、玉米。

花生十谷米糊

降低胆固醇

十谷米中含有大量的可溶性和不可溶性纤维素，可减少脂肪及胆固醇的吸收，从而有利于乳房健康。

材料

十谷米 80 克，熟花生仁、冰糖各 10 克。

做法

1 十谷米淘洗干净，用清水浸泡 2 小时。

2 将全部食材倒入豆浆机中，加水至上、下水位线之间，按下"米糊"键，煮至豆浆机提示米糊做好，加入冰糖搅拌至化开即可。

Part

11

孕妇产妇：
营养滋润好调理

孕妈妈

☑ 食物种类要齐全，粗细搭配，增加燕麦、小米、豆类等食物的摄入。 ☑ 保证优质蛋白质的充足摄入，适当多吃大豆及其制品、奶类、蛋类等。
❌ 不宜吃含咖啡因的食物和饮料。

重点推荐食材

糙米
预防妊娠便秘

大米
促进胎儿发育

山药
健脾、益肺、养肾

栗子
补充叶酸

小米
促进睡眠

柠檬
缓解孕吐

百合银耳黑豆浆

[缓解妊娠反应和焦虑性失眠]

银耳滋阴润肺、益胃生津，能够缓解孕妇妊娠反应。百合清心安神，能够促进睡眠，改善孕期焦虑性失眠。

材料

黑豆 40 克，水发银耳、鲜百合各 25 克。

做法

1 黑豆用清水浸泡 10~12 小时，洗净；银耳择洗干净，撕成小朵；百合择洗干净，分瓣。

2 将黑豆、水发银耳和鲜百合瓣倒入豆浆机中，加水至上、下水位线之间，按下"豆浆"键，煮至豆浆机提示豆浆做好，过滤后倒入杯中即可。

营养专家教你做：豆浆·五谷米糊一本全

小米豌豆豆浆

促进胎儿中枢神经发育

豌豆中含有丰富的叶酸，能促进胎儿的中枢神经系统发育，对怀孕早期的准妈妈非常有好处。小米健脾和中、益肾补虚，是改善准妈妈脾胃虚弱、体虚、食欲不振的营养康复良品。

材料

黄豆 50 克，鲜豌豆、小米各 25 克。

做法

1 黄豆用清水浸泡 10~12 小时，洗净；小米淘洗干净，用清水浸泡 2 个小时；豌豆洗净。

2 将黄豆、小米和豌豆倒入豆浆机中，加水至上、下水位线之间，按下"豆浆"键，煮至豆浆机提示豆浆做好即可。

特别提醒

也可以用富含叶酸的芦笋代替鲜豌豆。

豌豆核桃红豆豆浆

促进胎儿生长发育和大脑健康

这款豆浆可为孕妈妈提供叶酸、蛋白质等营养素：豌豆富含的叶酸，有助于宝宝大脑健康发育；核桃仁含有丰富的蛋白质，能满足胎儿生长发育的需要。红豆可促进乳汁分泌。

材料

红豆 60 克，豌豆 15 克，核桃仁 10 克。

做法

1 豌豆用清水浸泡 10~12 小时，洗净；红豆用清水浸泡 4~6 小时，洗净；核桃仁掰成小块。

2 将上述食材倒入豆浆机中，加水至上、下水位线之间，按下"豆浆"键，煮至豆浆机提示豆浆做好，凉至温热后饮用即可。

特别提醒

容易上火的孕妈妈不宜饮用。

百合小米汁

帮助孕妈妈缓解失眠

这款好喝的豆浆可缓解孕妈妈在孕期的一些不适症状：百合含有多种生物碱，能养心、安神、助眠，帮助孕妈妈缓解失眠症状；小米富含维生素 B_1、钾，能健脾胃，可改善孕妈妈食欲不振的症状。

材料

小米 65 克，鲜百合 10 克。

做法

1 小米淘洗干净，用清水浸泡 2 小时；百合分瓣，择洗干净。

2 将上述食材倒入豆浆机中，加水至上、下水位线之间，按下"五谷"键，煮至豆浆机提示做好即可。

特别提醒

小米应选呈淡淡的黄色、不是特别均匀油亮的，这种小米是未经染色且米质较好的。

燕麦栗子糊

健脾补肾，缓解孕期便秘

这款米糊富含膳食纤维，有助于消除孕期便秘，而且还有健脾补肾、强身健体的功效，特别适合准妈妈饮用。

材料

黄豆 50 克，燕麦片 20 克，栗子、大米各 30 克。

做法

1 黄豆洗净，用清水浸泡 10~12 小时；栗子去皮，切成小粒；燕麦片洗干净；大米洗净，浸泡 2 小时。

2 将黄豆、栗子、燕麦片、大米放入豆浆机中，加水至上、下水位线间，按下"米糊"键，煮至豆浆机提示米糊做好倒入杯中，搅拌均匀即可。

特别提醒

燕麦片也可以换成燕麦米，无须提前浸泡，直接淘洗干净与其他材料搅打成米糊即可。

营养专家教你做……豆浆 五谷米糊 一本全

新妈妈

产后：✅宜吃清淡、稀软、易消化的食物，如面片、馄饨、粥。 ✅合理补充蔬菜和水果。 ❌饮食不要太油腻。

哺乳期：✅食物种类要齐全，不偏食。 ✅摄入充足的优质蛋白质。 ✅重视蔬菜和水果的摄入。 ✅增加鱼、肉、蛋等的摄入，促进乳汁分泌。 ❌少吃盐及刺激性食物。 ❌不喝浓茶和咖啡。

重点推荐食材

小米
帮助恢复体力

黑芝麻
补充营养

黄豆
提高乳汁质量

红豆
通乳

木瓜
催乳

莲藕
促进乳汁分泌

红枣
补充维生素

甘薯山药豆浆

「有利于滋补元气」

甘薯有助于新妈妈恢复体形，还含有类似雌激素的物质，能使皮肤白嫩细腻。山药滋肾益精、健脾益胃，有利于产后的新妈妈滋补元气。

材料

甘薯、山药各15克，黄豆30克，大米、小米、燕麦片各10克。

做法

1 黄豆用清水浸泡10~12小时，洗净；大米和小米淘洗干净，用清水浸泡2小时；甘薯、山药分别洗净，去皮，切丁。

2 将所有材料倒入豆浆机中，加水至上、下水位线之间，按下"豆浆"键，煮至豆浆机提示做好即可。

红豆红枣豆浆

促进产后体力恢复和乳汁分泌

红豆富含叶酸，有催乳的功效，适合产后的新妈妈经常食用。红枣能补益气血、通乳，对产后体力恢复和乳汁分泌都有很好的功效。

材料

黄豆 40 克，红豆、红枣各 20 克，冰糖 10 克。

做法

1 黄豆用清水浸泡 10~12 小时，洗净；红豆淘洗干净，用清水浸泡 4~6 小时；红枣洗净，去核，切碎。

2 将黄豆、红小豆和红枣碎倒入豆浆机中，加水至上、下水位线之间，按下"豆浆"键，煮至豆浆机提示豆浆做好，过滤后加冰糖搅拌至化开即可。

特别提醒

服用退热药时不宜饮用这款豆浆，因为会减少身体对药物的吸收。

小米红枣糊

养胃滋补、助消化

此款米糊有滋阴、养胃、养血的功效，还有助消化、开胃的作用，也适合体质虚寒的产妇调养食用。

材料

小米 80 克，红枣 10 克，红糖 15 克。

做法

1 小米淘洗干净，用清水浸泡 2 小时；红枣洗净，用温水浸泡半小时，去核。

2 将 1 中的食材倒入豆浆机中，加水至上、下水位线之间，按下"米糊"键，煮至豆浆机提示米糊做好后，加入红糖搅拌至化开即可。

特别提醒

此款米糊还有淡斑、护肤和延缓衰老的作用。

Part
12

特殊人群：
选择适合自己的

电脑族

☑多吃富含维生素 A 和胡萝卜素的食物。 ☑多吃富含维生素 B_1 的食物，如谷类、豆类等。 ☑多吃富含维生素 C 的蔬菜和水果，防辐射、抗衰老、保护皮肤滋润。 ☑适当多吃一些富含 B 族维生素的食物，缓解疲劳，比如谷类、大豆、瘦肉等。

❌不宜摄入过多热量，减少高脂肪、高胆固醇食物的摄入。

重点推荐食材

绿豆
抗辐射

燕麦
安神补脑

小米
缓解疲劳

南瓜
护眼、护肤

胡萝卜
保护眼睛

猕猴桃
滋养肌肤

橘子
提高抵抗力

黑米绿豆豆浆

[缓解辐射不适]

这款豆浆因为加入了绿豆而有很好的效果，绿豆有解毒的作用，可以缓解因电脑辐射给人体带来的不适。

材料
绿豆 50 克，黑米 30 克，冰糖 10 克。

做法
1 绿豆用清水浸泡 4~6 小时，洗净；黑米淘洗干净，用清水浸泡 2 小时。
2 将 1 中的食材一同倒入全自动豆浆机中，加水至上、下水位线之间，按下"豆浆"键，煮至豆浆机提示豆浆做好，加冰糖搅拌至化开即可。

胡萝卜芝麻黑豆浆 「护眼、抗辐射」

这款豆浆可以缓解电脑辐射对眼睛的损害，还富含不饱和脂肪酸和维生素 E，能够保护皮肤健康，抵抗辐射损害。

特别提醒

胡萝卜外皮中含有丰富的胡萝卜素，在制作豆浆时最好不去外皮，彻底洗净即可。

材料

黑豆 30 克，黑米 20 克，黑芝麻 10 克，胡萝卜 50 克。

做法

1 黑豆用清水浸泡 8~12 小时，洗净；黑米洗净，浸泡 2 小时；胡萝卜洗净，切丁；黑芝麻碾碎。

2 将上述食材一同倒入全自动豆浆机中，加水至上、下水位线之间，按下"豆浆"键，煮至豆浆机提示豆浆做好，过滤即可。

熬夜族

✅增加蛋白质摄入量，多吃瘦肉、鱼、蛋、奶等。 ✅适当摄入富含维生素 A 的食物，如胡萝卜、南瓜、菠菜、红薯等，以提高眼睛对光线的适应力。 ✅多吃富含卵磷脂、谷氨酸的食物，如鸡蛋、燕麦、小米等。 ✅适当多吃新鲜水果，补充熬夜损耗的维生素，还能提高机体免疫力。

❌熬夜时不要吃太多甜食，否则容易引来肥胖问题。

重点推荐食材

小米
缓解疲劳

燕麦
补充体力

胡萝卜
保护视力

红薯
护眼、防衰

花生
提高脑力

橙子
提高免疫力

猕猴桃
补充体能

咖啡豆浆

「提神醒脑」

此款豆浆可提神醒脑、滋阴润燥，增加心脏活力。

材料
黄豆 60 克，速溶咖啡粉 15 克，白糖适量。

做法
1 黄豆用清水浸泡 10~12 小时，洗净。
2 把黄豆倒入豆浆机中，加水至上、下水位线之间，按下"豆浆"键，煮至豆浆机提示豆浆做好，过滤。
3 将豆浆冲入速溶咖啡粉，加白糖搅拌至化开即可。

小米花生糊 「缓解熬夜疲劳」

小米富含 B 族维生素，能够缓解熬夜带来的疲劳感；花生富含维生素 E 和不饱和脂肪酸，能够润肤、补脑，提高熬夜的工作效率，缓解熬夜造成的肌肤衰老。

特别提醒

小米富含维生素 B_1，这是水溶性维生素，易溶于水，因此小米不易反复淘洗，以免维生素 B_1 流失。

材料

小米 100 克，花生仁 35 克，姜片 10 克。

做法

1 将小米淘洗干净，浸泡 2 小时。
2 将小米、花生仁、姜片一起放入豆浆机中，加水至上、下水位线间，按下"米糊"键，煮至豆浆机提示米糊做好，倒入杯中即可。

吸烟、饮酒者

✔补充充足的水，能促进吸烟造成的毒素排出体外。

✔多吃含优质蛋白质的食物，尤其是豆制品，以及瘦肉、豆类、鱼类、奶及奶制品等，可以修补肝细胞，缓解烟酒对肝脏的损害。 ✔多吃蔬菜和水果，有利于促进肝脏代谢，补充吸烟喝酒造成的维生素和矿物质流失。

✔多吃富含硒的食物，比如海藻、虾等，预防癌症。

✖少吃肥肉等油腻食物。 ✖不要空腹饮酒。

重点推荐食材

黄豆
补充蛋白质

绿豆
有解毒功效

玉米
预防酒精肝

胡萝卜
防癌

百合
帮助肺部排毒

梨
润肺

苹果
解酒

紫薯南瓜豆浆
「开胃消食」

黄豆富含蛋白质，能够修复肝细胞，减少吸烟对肝脏造成的损害，紫薯和南瓜富含膳食纤维，可以帮助排出吸烟堆积的毒素。

材料
黄豆 60 克，紫薯、南瓜 20 克，冰糖 10 克。

做法
1 黄豆用清水浸泡 10~12 小时，洗净；紫薯、南瓜分别洗干净，去皮，切丁。
2 将 1 中的材料倒入豆浆机中，加水至上、下水位线之间，按下"豆浆"键，煮至豆浆机提示豆浆做好，过滤后加冰糖搅拌至化开即可。

营养专家教你做：豆浆、五谷米糊一本全